＼気軽に楽しむ！／

はじめての万年筆とインクの本

著
mizutama

BEGINNER'S GUIDE TO FOUNTAIN PENS & INKS
by
mizutama

X-Knowledge

はじめに

INTRODUCTION

「万年筆を使ってみたい！」

でも、

難しそう
お高いんでしょ？
大変そう
使い方やお手入れに手間がかかりそう……
どれから買えばいいの？
コンバーターって何？

そんなハードルの高いイメージがあって、なかなか手が出せない人も多いはず。

かく言う私も、そんなひとりでした。

ずっと興味はあるものの、近づきにくい印象から使えていなかった万年筆。

はじめの1本を手に取るとき、わからないことが多すぎて、緊張したのを覚えています。

でも、大丈夫！

万年筆は古くからある筆記具のひとつ。
使い方はシンプルで、意外と手ごろな値段で手に入り、
しかも、何年も普段使いできるほど頑丈です。

巷で言われている、難しい説明は一切なし！
この本では、そんな「万年筆に憧れていたけれど、怖くて手が出せなかった」
昔の私が知りたかったことを、全部、なるべくやさしい言葉で、丁寧にまとめました。

普段使いできるアイディアや、手軽に楽しめる使い方も、たくさんご紹介しています。

文房具は、基本を抑えつつ、自分らしく楽しむのがいちばん。
1本持っていれば、必ずあなただけの相棒になってくれる万年筆。
この本が、あなたの「まず1本」の背中を押すことができたら、
こんなにうれしいことはありません。

mizutama

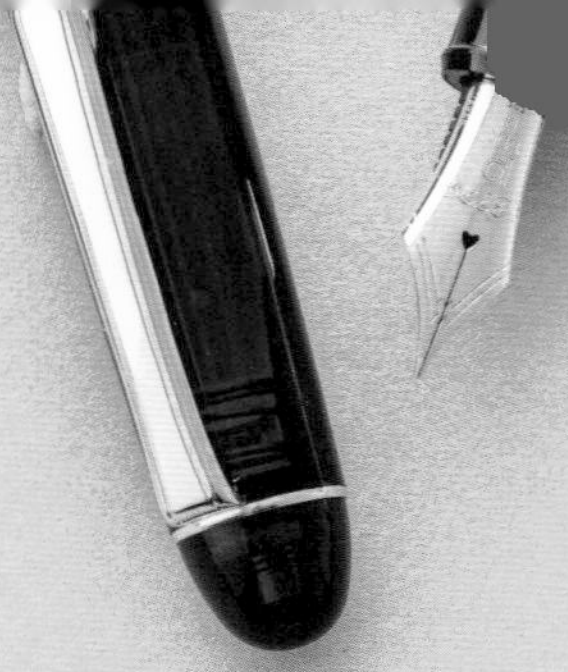

文房具が好きな人なら誰でも、いつかは使ってみたいと思っている万年筆。

ペン先の美しいフォルム、
歴史を感じるたたずまい、
カラフルなインク瓶。

憧れちゃうけど、

「高そう」
「難しそう」
「壊しちゃいそう」
「手入れができるかな」

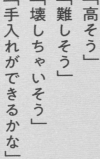

と尻込みしている方はいませんか？

……

でも大丈夫！

実は万年筆の使い方を、そんなに難しく考える必要はありません。

万年筆の値段はピンからキリまで。
なかなか手が出せない高級な万年筆もありますが、
はじめてさんにぴったりのワンコインでおつりがくるモノから、
手ごろな数千円代のモノもいっぱい。

それに、使い方も慣れてしまえば難しくありません。
必要なときにお手入れしながら使えば、
手をかけた分だけ愛着がわくはず。
ひと手間を楽しみながら、毎日楽しく使ってみてください。

こんなに楽しい！
万年筆には魅力がいっぱい

独特の書き味が楽しめる

鉛筆やボールペンとはまったく違う、するするとした書き心地。
全然力を入れなくても書けるのがとっても不思議。
万年筆のメーカーやペン先の素材によって書き味が違うので、
それもまた面白いところです。

インクの楽しみ

万年筆のインクには、カラーバリエーションが無限にあります。
「これ！」という色に出逢う喜びは、言葉にできません。
インク瓶やラベルのデザインも、ときめきのポイント。

書き心地を味わおう

「万年筆で書くと文字がおしゃれになった」
「きれいな字が書ける」

「味わいのある文字が書ける」

という声をよく耳にします。

万年筆は、筆圧をほぼかけなくても書くことができる筆記具です。

それにインクのニュアンスも相まって、
いつもの文字と少し違う味わいが出てくるのが嬉しいところ。

育てる楽しみが味わえる

万年筆は自分でインクを入れたり、お手入れしたりする必要があります。
使い捨てのペンと違って、手になじみ
1本を大事に長く使うことができるので、
いつの間にか大切な宝物になっていきます。

ほかにも、

お気に入りの一本に出会える喜び

ときめく色のインクを探す楽しみ

など、万年筆の世界にしかない楽しみがいっぱいです。

毎日の暮らしがもっと楽しくなる 万年筆&インクの世界へGO!

この本では、はじめて万年筆を手にとる人でも
万年筆の面白さが伝わるよう、
初歩の初歩からスタートします。

万年筆&インクのきほんや選び方から、
毎日の手帳やノートでの使い方、
イラストを描くなどの楽しみ方など、
万年筆&インクを楽しむアイディアがいっぱいです。

また、ギモンや不安もていねいに解決しているので、
困ったときにも頼れる一冊になるはず。

憧れているだけじゃもったいない♪
ぜひ私と一緒に、
万年筆のある生活を楽しんでみましょう。

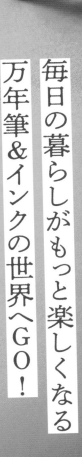

もくじ

■Staff
ブックデザイン：掛川竜
写真：文田信基（株式会社fort）
編集協力：山田美穂
執筆：川上純子
編集：静内二葉（X-knowledge）
印刷：シナノ書籍印刷株式会社

【本書をお読みになる前に】
・本書掲載の内容には、著者個人の見解や使用方法も含まれます。
・インクの色は、筆記する用紙や経年変化などで見え方が異なる場合があります。色見本はあくまで一例です。
・本書に掲載されている情報は、2023年8月現在のものです。
・商品の価格や仕様などは、変更になる場合があります。
・クレジット表記のある商品については、すべて税込です。
・価格などが表示されていないものはすべて著者またはスタッフの私物のため、現在は入手できないものもあります。
・本書のアレンジや使用方法を実践いただく際は、各商品の注意事項をお確かめのうえ、行ってください。

上記につきまして、あらかじめご了承ください。

BEGINNER'S GUIDE to FOUNTAIN PENS & INKS

PART 1

イチから知りたい万年筆のきほん

はじめてだとなかなかわからない、
自分にぴったりの万年筆や、万年筆のしくみ、
万年筆でどんなものが書けるのか。
この章では、万年筆をはじめて使う人から、
「なんとなく使っていたから
もっと知りたい」という人にまで役立つ、
万年筆のきほんを丁寧に紹介していきます。

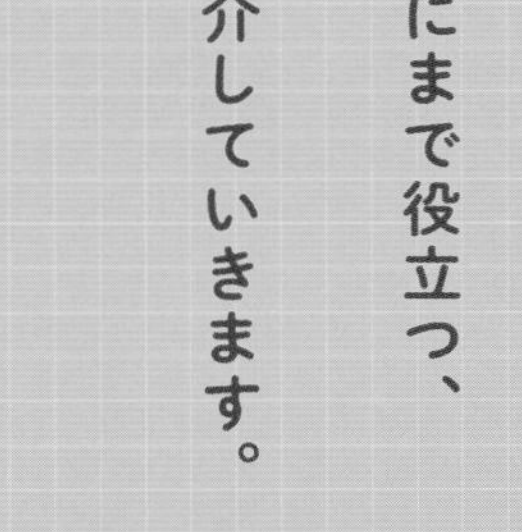

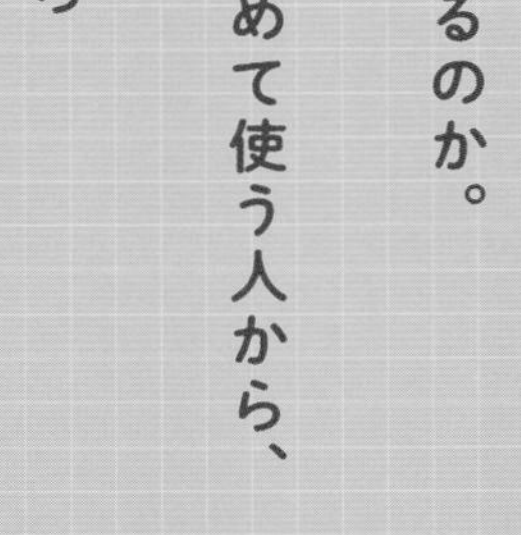

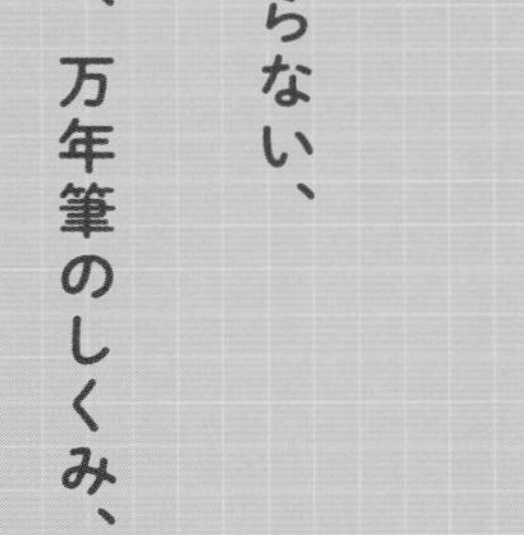

万年筆、きほんのき

万年筆のパーツと名前

万年筆はさまざまなパーツでできています。たとえばボールペンは、パーツの名前を知らなくても使えますが、万年筆はインクを入れたり、お手入れをしたりと、そのたびに自分でパーツを外して作業することになります。知っておくと説明書を読むときにも便利です。

蓋

蓋栓《ふたせん》

「天冠《てんかん》」とも呼ばれます。飾りが付いているモノもあります。

クリップ

手帳やポケットに挿せるクリップ。万年筆によりいろいろなデザインがあります。

胴

ペン先《さき》（ニブ）

「万年筆の頭脳」と呼ばれる重要なパーツで、材質により書き心地はさまざまです。ステンレスや金合金《きんごうきん》などの材質で作られています。

大先《おおさき》

首軸《くびじく》（グリップ）

ペン先とカートリッジやコンバーターをつなぐ場所。

胴軸《どうじく》（ペン軸《じく》）

万年筆の中でいちばん大きなパーツ。カートリッジやコンバーターが収まる部分です。書くときに握りやすい太さに作られています。

尾栓《びせん》（尻軸《しりじく》）

万年筆のお尻に当たる部分。尾栓回転吸入式の万年筆はここを回してインクを入れます。

ペン先（ニブ）

表

ペンポイント

ペン先をじっくり見ると、先の部分が少しぷくっと膨らんでいるのがわかると思います。紙にインクを伝わせる重要なパーツで、摩耗《まもう》に強い合金が使われています。大きさや形の違いで字幅が変わります。

スリット（切《き》り割《わ》り）

ペン芯のインクをペン先まで運ぶ役割を果たします。

ハート穴《あな》

ペン先の柔軟性を左右する大事な穴です。昔の万年筆はハートの形が多かったので、丸の形でもハート穴と呼びます。

裏

ペン芯《しん》

ペン先を裏にひっくり返すと、櫛状《くしじょう》の溝《みぞ》が入ったパーツがついています。胴軸内部のインクを一定量に保ちながらペン先まで運ぶ役割を担うため、「万年筆の心臓」と呼ばれています。

セーラー万年筆さんに教えてもらったよ！

※部位名表記は、メーカー各社で呼称が異なります。あらかじめご了承ください。

ペン先を知ろう

万年筆の独特の書き心地を生むペン先は、主にスチールか、金でできていることがほとんどです。スチールのペン先は価格が安く、比較的硬めでしっかりした書き心地のものが多いです。対して、金のペン先は高価で、柔軟性に富み、しなやか。金の含有量が多くなればなるほど、柔らかいペン先になります。つまり、ペン先の素材は万年筆の価格の違いを分ける要素のひとつです。

ペン先の違いでもうひとつ重要な点は、字幅です。ペンポイント（14ページ参照）の大きさ、形で、書ける線の太さが変わります。極細から太字、特徴的なペン先までいろいろあるので、書きたいものに適した字幅のペン先を選びましょう。

素材の違い

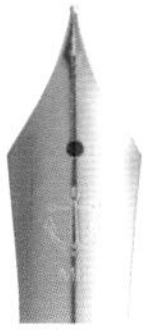

スチール（ステンレス）

スチールやステンレスなどの特殊合金で作られたペン先で、「鉄ペン」と呼ぶことも。

硬い
安い

金

金を含む合金で作られたペン先。14金（14K）、18金（18K）などがあります。

柔らかい
高い

字幅の違い

字幅のラインナップは万年筆やメーカーによってさまざまです。
また、同じ細字（F）でも、メーカーによって微妙に太さに違いがあります。

太字（B）

太字（B）はしっかり太めの線が書けます。イラストにもぴったり。

中字（M）

中字（M）は少し太めの線が書けるので、インクの色を楽しめます。

中細（MF）

中細（MF）はノート、手紙などに最適で、ほどよい太さ。

細字（F）

細字（F）は使いやすい字幅で、最初の1本にオススメ。

極細（EF）

極細（EF）はもっとも細い字幅で、手帳などに向きます。

個性的なペン先

ミュージックニブ（MS）

元々は楽譜を書くために生まれたペン先で、縦線は太く、横線は細い線が書けます。

長刀ニブ（セーラー万年筆）

漢字のトメ、ハネ、ハライなどが美しく書けます。通常よりペン先が太めです。

万年筆で書いてみよう

万年筆の持ち方は、基本的にボールペンや鉛筆と一緒です。書くときのコツは2つ。

まず、万年筆のペン先を上に向けて書くことです。横に寝ていたり、裏向きになっていたりすると、うまく書けません。

もうひとつは筆圧です。万年筆は、筆圧をほぼかけなくても書くことができるので、長時間、文字を書いても疲れにくい筆記具。ペン先を強く紙に押し付けると、ペン先が痛むので、気を付けましょう。

万年筆の持ち方

○

持ち方はボールペンや鉛筆と同じで、首軸（グリップ）の部分を持ちます。紙との角度は45〜60度くらいになるようにします。

×

万年筆を立てすぎたり、寝かせすぎたりすると、インクが出にくくなります。

正しい
持ち方で
書いてみよう

ペン先の向き

○

こっちが表！

ペン先の表が上に見えるように持ちましょう。

×

ペン先が裏側を向いていると書けません。

×

横になっていても書きにくいので注意しましょう。

インクの入れ方いろいろ

万年筆にインクを入れる方法は何種類かあり、万年筆によって、どの方法でインクを入れるか決められています。

いちばんポピュラーなのは、カートリッジインクとコンバーターの両方を使える、「両用式」です。

そのほかに、カートリッジインクのみが使える「カートリッジ式」、万年筆にインクを入れる「吸入式」があります。

両用式

カートリッジインクとコンバーターの両方を使うことができます。コンバーターは別売りされていることが多いので、ボトルインクを使いたい場合は、互換性のあるものを購入しましょう。

カートリッジインク　筒状のプラスチック容器に入っている使い切りタイプのインク。これを挿すだけですぐに万年筆が使えます。インク交換も手軽に行えるのが魅力。

コンバーター　ボトルインクを万年筆に入れて使うときに欠かせない、インク吸入器です。好きなインクを使いたいときは、万年筆に合ったコンバーターを購入しましょう。

吸入式（ピストン式）

万年筆の内部に直接インクを入れることができます。ボトルインクを使いたい人、万年筆中級者以上の人にオススメ。

ボトルインクにペン先を入れ、この尾栓（尻軸）を回してインクを吸入します。

カートリッジ式

カートリッジインクのみが使える万年筆のこと。初心者向け、子ども向けのモデルに多いです。

カートリッジインクとコンバーターってどう違うの？

文具店で手軽に手に入る価格帯の万年筆は、おおむねカートリッジインクもコンバーターも使える「両用式」です。

カートリッジインクのよさは、手軽にインクを入れられること。大先に挿すだけなので、かんたんに使い始めることができます。ただ、カートリッジインクのある色は限られているので、好みのインクを使いたいなら、コンバーターを用意しておくといいでしょう。

なお、カートリッジインクとコンバーターは、メーカーや万年筆のモデルにより造りが違うので、必ず互換性のあるものを選んで購入を。わからないときは、お店の人に聞いてみてください。

カートリッジインク

◎：インク交換時、カートリッジのほうが扱いやすい
△：インクのバリエーションが少なめ

コンバーター

◎：ボトルインクが使えるので色の選択肢が広がる
△：別売りで買う必要がある
△：インク交換が面倒

万年筆にインクを入れてみよう

カートリッジインクの入れ方

1

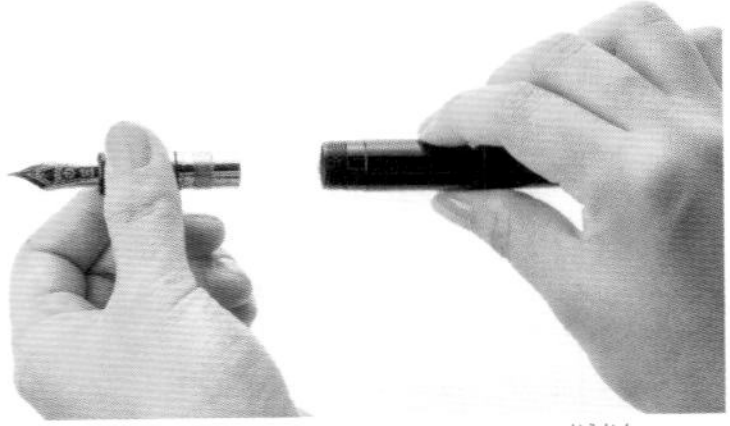

蓋（キャップ）を取り、ペン先のついたパーツと胴軸《どうじく》を外します。

2

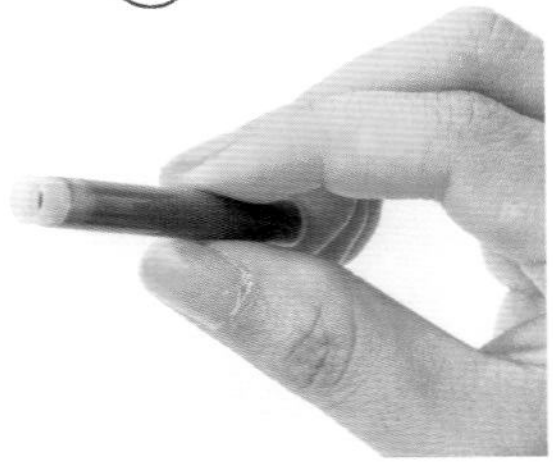

カートリッジインクの差し込み口（凹んでいるほう）を確認します。

3

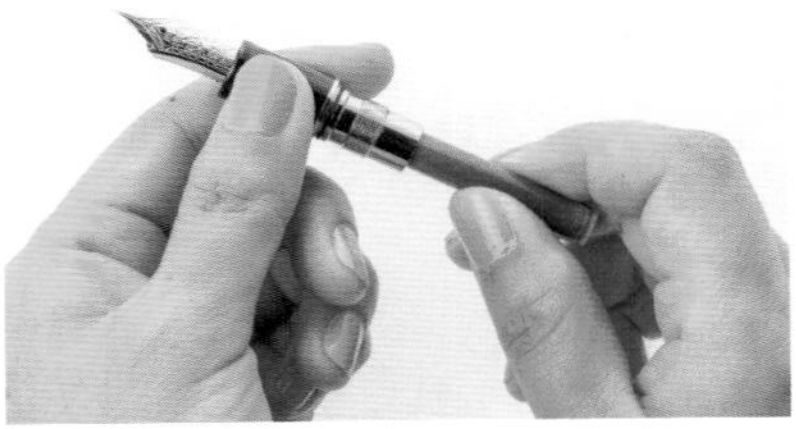

ペン先を上にして、カートリッジインクを奥まで挿します。このとき、側面を強く摘まむとインクが飛び出るので注意して。

4

胴軸をはめ直し、インクがペン先に浸透するまで1分くらい待ちます。

5

試し書きをします。最初はインクが出てこなくても、くるくると書き続けていると書けるようになります。
※どうしてもインクが出てこない場合は、カートリッジインクがしっかり挿さっていない可能性があるので、もう一度挿さっているか確認しましょう。

吸入式万年筆の場合

吸入式の万年筆は、万年筆本体にインクを入れる仕組みになっています。まず、尾栓《びせん》（ペン軸のお尻の部分、14ページ参照）をくるくる回し、インク瓶にペン先を入れて、尾栓を反対回りに回してインクを吸入。試し書きをして、ちゃんと書けたらOKです。
※吸入式の万年筆は大先《おおさき》と胴軸は外れません。

コンバーターを使ってボトルインクを入れる

①

ボトルインクと、万年筆と互換性のあるコンバーターを用意。胴軸を外して、コンバーターを奥まで挿し込みます。

②

コンバーターのノブを回してピストンを下げます。

③

ペン先のハート穴がしっかりインクに浸るまでボトルに入れます。ペン先がボトルの底に接触しないように注意して。

メーカーによってはもっと深く浸す場合も！
説明書を読んでね！

④

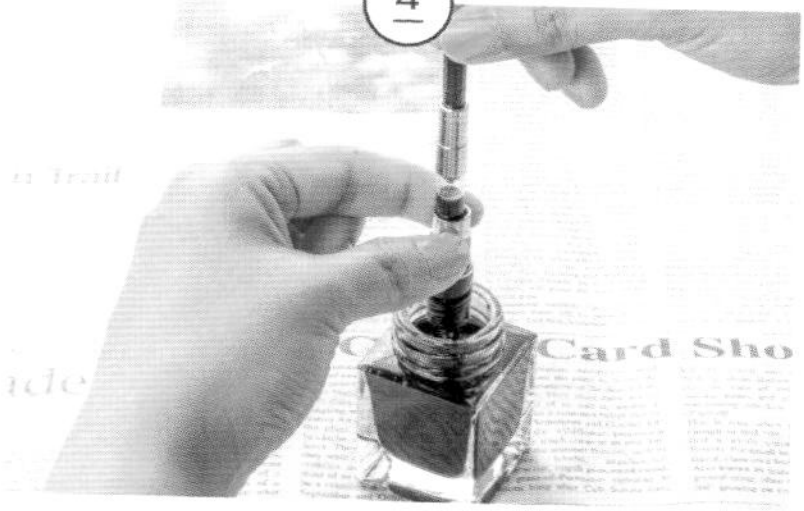

コンバーターのノブを回して、インクを吸い上げます。うまくインクが入らない場合は、ペン先をもう少し深くまで入れて、ピストンを上げ下げしてみましょう。

⑤

ペン先をボトルから出し、ティッシュでペン先を拭きます。

⑥

胴軸を元に戻し、試し書きしてから使いましょう。

線の書き方 A to Z

万年筆は筆圧をほぼかけなくても書くことができるので、微妙に強弱のついた、独特のニュアンスが生まれます。「いつもよりきれいな字が書ける」、「味のある字が書ける」と感じる人も多く、そこも万年筆にハマってしまう理由のひとつ。また、ボールペンなどと比べて、ペン先から出てくるインクの量が多めなので、書き終わりに「インクだまり」ができます。このインクだまりも、万年筆ならではの味。ぜひ楽しんでみてください。

万年筆で文字を書いていくと……。

イラストにも
活かして描くと
かわいい！

あちこちにインクが濃い部分が！　これが「インクだまり」です。（→詳しくは60ページ参照）

字幅を使い分けよう

万年筆の字幅については15ページでも紹介しましたが、字幅が違えば線のニュアンスも変わります。繊細な雰囲気の線を書きたい場合は、極細（EF）や細字（F）、よりインクの色を見せたい場合は中字（M）～太字（B）を選ぶなど、用途に合わせて選んで。

細字（F）

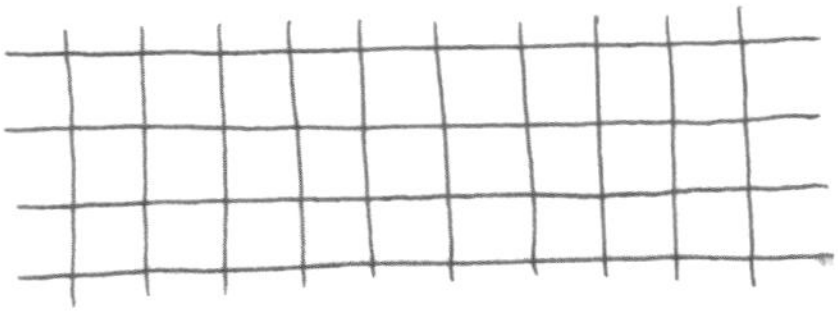

中字（M）

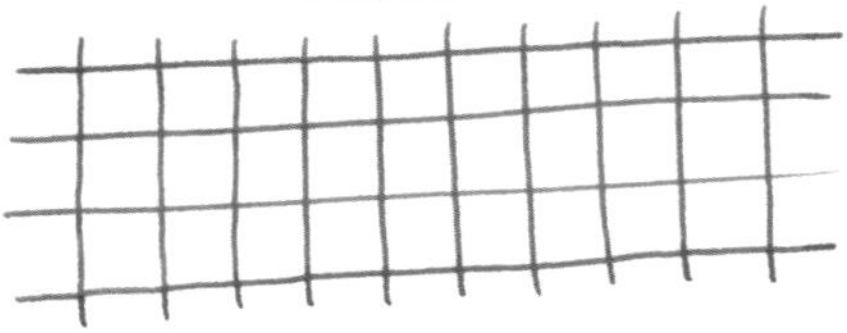

万年筆でいろいろな線を描いてみよう

いろいろな線を描いて、万年筆らしい書き味を楽しんで。

線のいろいろ

細字（F）

手帳などや普段使いの
書き込みにぴったり！

中細（MF）

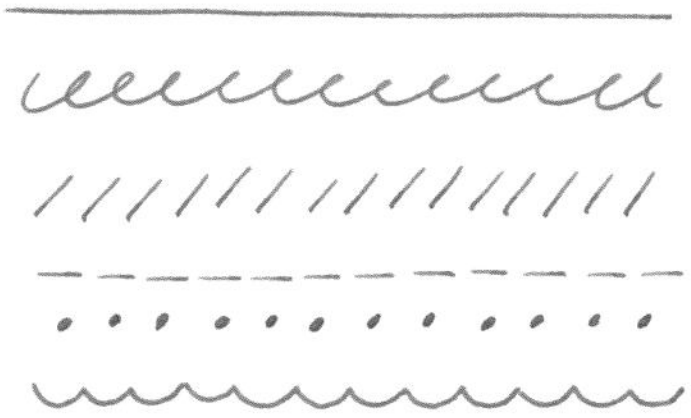

万年筆らしい
インクの濃淡が出る

ミュージックニブ（MS）

（15ページ参照）

カリグラフィーみたいな
強弱ある書き味

斜め線で塗る

細字（F）

手帳のマス目や
イラストなどの塗りに

中字（M）

線のタッチも
見えるほどよい太さ

太字（B）

インクの色をしっかり
見せたいときに

ぴったりの万年筆はどれ？ はじめての1本を探そう

私がはじめて購入した万年筆はLAMYのサファリ。とてもかわいくて、おしゃれなデザインに惹かれました。実際に買ってみるまでは、「万年筆は高級品」というイメージが強かったです。でも、実はワンコイン程度で買えるモノから、ちょっと頑張れば手に入る数千円台のモノなど、幅広い価格帯から選べるんだと知りました。だからぜひ怖がらずに、万年筆を手にとってみてくださいね。

「自分にぴったりの万年筆ってどれだろう？」と悩んだときは、いちばんこだわりたいポイントに注目してみましょう。今回は、「買いやすい価格」、「ときめくデザイン」、「インクが使いやすい」の3

こだわりで選ぶ！ 万年筆選びのポイント

まずはあなたのいちばんのこだわりポイントを左から選んでください。

最初は安いモノから試したい！

安価＆子どもでも使える
お値段以上の万年筆を選ぼう

「万年筆は高いってイメージがあって手が出せない……」という人もいると思いますが、そんなことはありません！安くて書き心地もバッチリの万年筆をセレクト。ちょっと試してみたいな、という人も手軽に使える万年筆です。

1 ワンコイン程度で買えるモノも

プレピー

➡24ページ

2 1000円代でおしゃれな万年筆

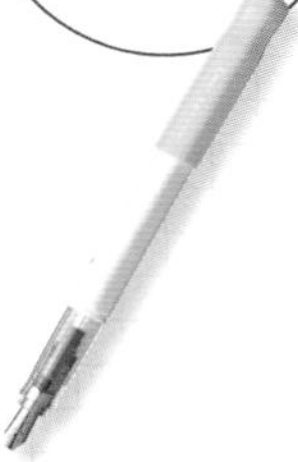

Kakuno
（カクノ）

➡25ページ

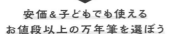

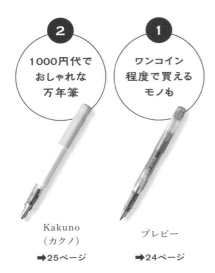

つにこだわりを絞って、はじめての人にオススメの万年筆を選んでみました。私も気に入って使っているものばかりなので、ぜひ参考にしてみてください。ちなみに、インクを手軽に使いたい人には、万年筆のほかに、ガラスペン、つけペンという選択肢もあります。万年筆と一緒に使っても楽しいですよ。

万年筆選び もうひとつの大事なポイント

「字幅」について

万年筆には、価格やデザインが違うものだけではなく、線の太さを左右する字幅の種類がたくさんあります。万年筆のモデルによって、どんな字幅のラインナップがあるかは違います。細い線を書きたいか、太い線を書きたいかを考えてから選ぶと失敗しません。

(詳しくは15ページ参照)

インクを手軽に使いたい！

インクを入れやすい万年筆か ガラスペン、つけペンを検討

「万年筆インクが大好き」、「インクを手軽に使いたい」という人も多いはず。そんなインク沼の住人にぴったりの万年筆のほか、さっと水洗いするだけでいろいろなインクが使えるガラスペン、つけペンをセレクト。

ときめくデザインを探したい！

3000~5000円代で買える おしゃれな万年筆がオススメ

「長く使うためには、デザインもお気に入りでないと！」というこだわり派の人にオススメの万年筆を紹介。万年筆らしい定番のデザインや、個性的な人に。持つだけで気分が上がるデザインの万年筆を紹介します。

6 インクをすぐに使いたい

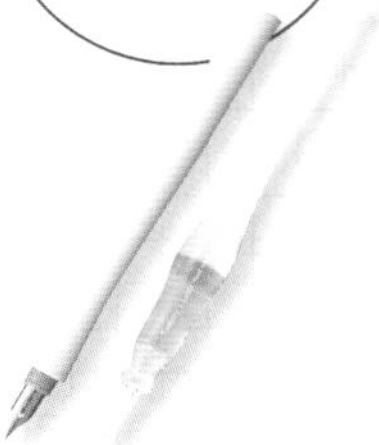

ガラスペン・つけペン
➡29ページ

5 コンバーターなしでインクが入る

ツイスビー
➡28ページ

4 シンプル&カラフルでおしゃれ

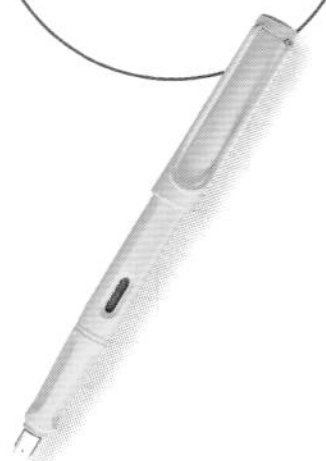

LAMY サファリ(ラミー)
➡27ページ

3 万年筆らしい定番のデザイン

プロフィットJr.
➡26ページ

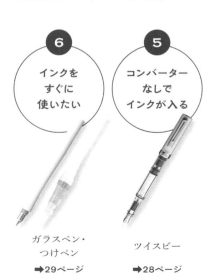

「最初は安いものから試したい！」人へ

ワンコイン程で買える万年筆もあります

クリアなデザインがさわやか。軸色とカートリッジインク色がリンクしているので、好きな色を集めて楽しんでみて。

右上から、#41 グリーン、#30 イエロー、#1 ブラック、#4 クリスタル、#11 レッド、#3 ブルーブラック

プレピー／プラチナ万年筆
型番：PSQ-300、PSQC-400（#4 クリスタル）
ペン先：ステンレス
字幅：03（細）、05（中）
※#21ピンク、#28バイオレット、#30イエロー、#41グリーン、#4 クリスタルは03のみ
インク方式：カートリッジ式
価格：440円

滑らかな書き心地で、普段使いにいちばん便利な万年筆として使っています。キャップを閉めた状態なら、約1年間使わなくてもインクが乾きにくい「スリップシール機構」がすごい！

万年筆初心者でも、インク詰まりの心配がなく使えます。

軸色と中に入っているカートリッジの色がリンクしているので、私はカラーペンと同じように、毎日、気軽に使っています。何本も持っているので、ペン立てにざくざくっと入れて。

マーキングペン、ラインマーカータイプも愛用中です。

初心者にやさしい万年筆を選ぶ

「いつかは高い万年筆を使ってみたいけど、最初は手に入りやすいモノから」と考えている人にぴったりの万年筆。子どもから大人まで、幅広い人のファースト万年筆になるように、と開発されたので、初めての人にやさしい工夫がいっぱい。

グリップは持ちやすい三角形、キャップと軸は転がりにくい六角形に。ペン先に入っている笑顔のマークは、かわいいだけでなく「顔が見えるように持つのが正解」という印にもなっています。

コンバーターも使えるので（CON-40）、好きな色のインクを入れて使うこともできます。

Kakuno（カクノ）／PILOT
型番：FKA-1SR
ペン先：特殊合金
字幅：EF・F・M
※O・P・R・LG・L・GY・KPL・KMR・KBOG・KGP・KBAYはF・Mのみ
インク方式：カートリッジ・コンバーター両用式
価格：1,100円

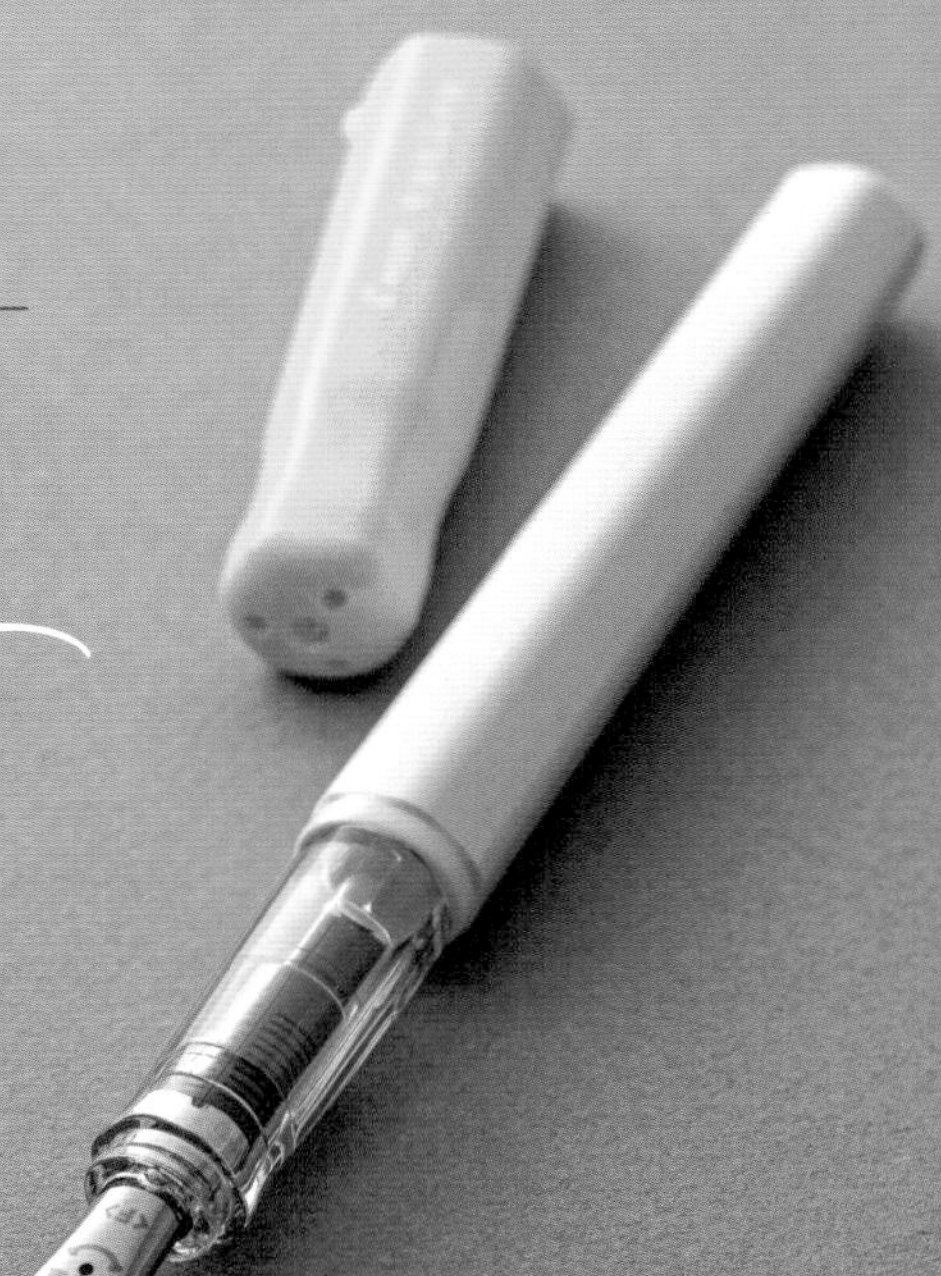

笑顔のマークがチャームポイント。キャップと軸色が違うポップなデザインも人気です。
写真のカラーはソフトイエロー。

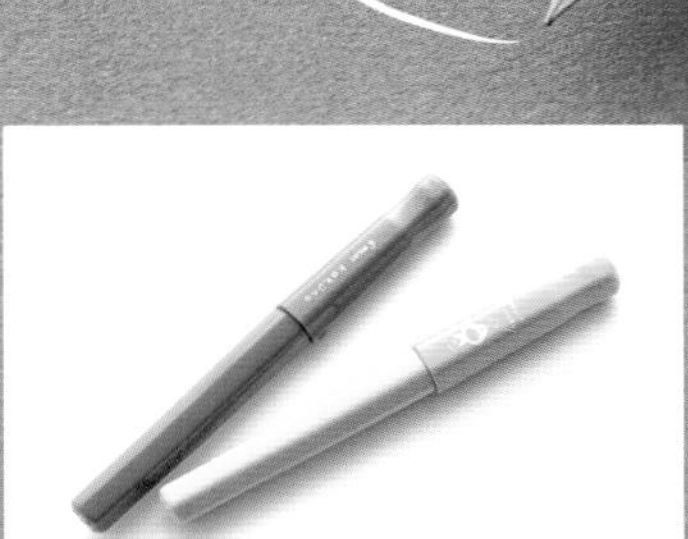

mizutama × NE6
東北、旅するKakuno
価格：各1,980円

東北版の限定Kakuno。「ゆったりフォレストグリーン」と、夏の終わりの朝をイメージした「まったりピンクベージュ」。大人も持てる落ち着いたカラー。

「ときめくデザインを探したい！」人へ

クラシカルなデザインでお手頃

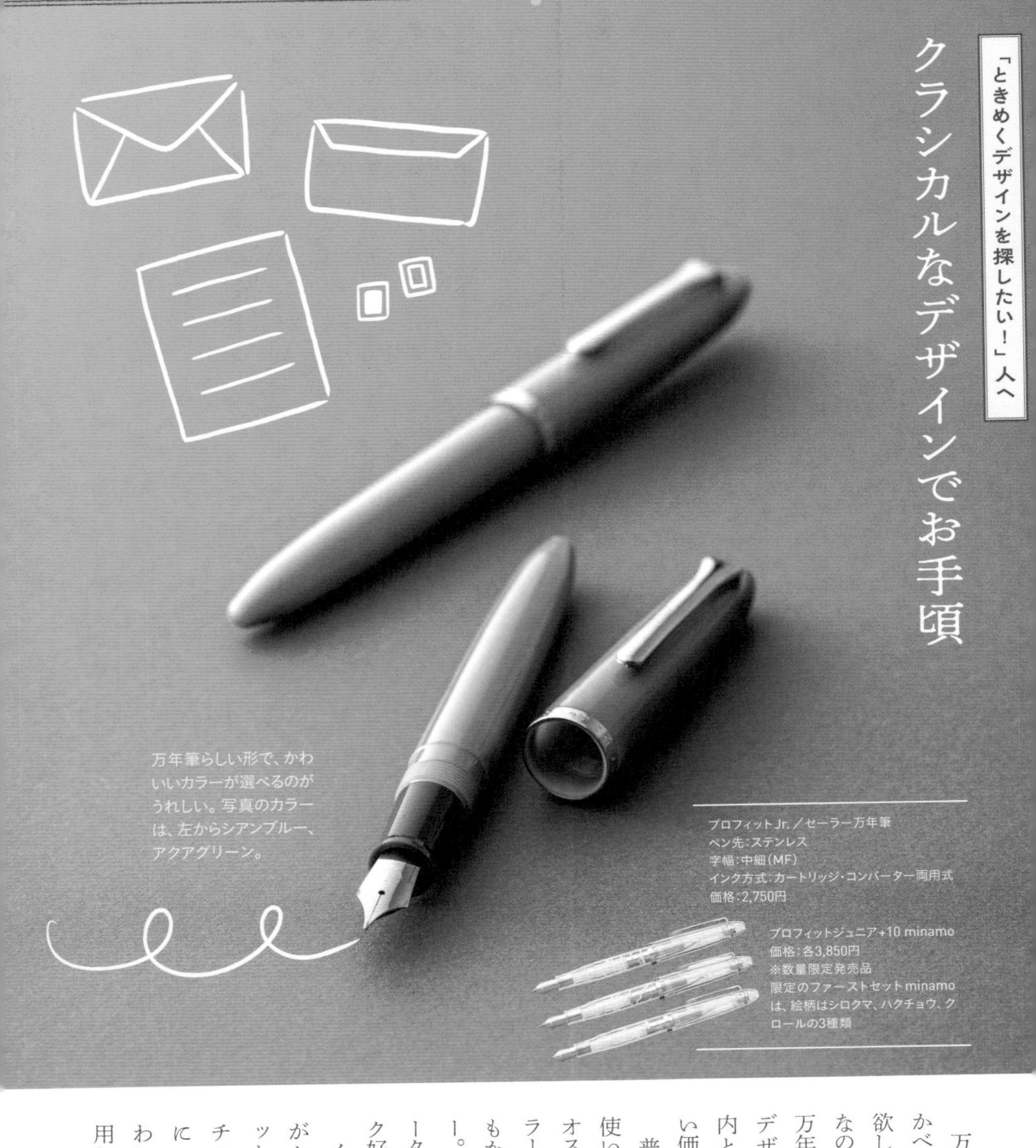

万年筆らしい形で、かわいいカラーが選べるのがうれしい。写真のカラーは、左からシアンブルー、アクアグリーン。

プロフィットJr.／セーラー万年筆
ペン先：ステンレス
字幅：中細（MF）
インク方式：カートリッジ・コンバーター両用式
価格：2,750円

プロフィットジュニア+10 minamo
価格：各3,850円
※数量限定発売品
限定のファーストセットminamoは、絵柄はシロクマ、ハクチョウ、クロールの3種類

万年筆と聞いて思い浮かべる、定番のデザインが欲しいという人にオススメなのがプロフィットＪｒ．。万年筆らしいクラシカルなデザインで３０００円以内と初心者にも買いやすい価格です。

普段使いには書きものに使いやすい中細（ＭＦ）がオススメです。全６色のカラーラインナップは、どれもかわいいニュアンスカラー。カートリッジ・コンバーター両用式だから、インク好きにもぴったりです。

インクやコンバーターがセットになった限定セットが登場する度、毎回チェックしています。特に「ｍｉｎａｍｏ」のかわいいスケルトン軸を愛用しています。

個性的なデザインがおしゃれ

ドイツ生まれのＬＡＭＹサファリは、私が初めて買った万年筆。ドイツでは小学生も使っているほどポピュラーで、独特のシンプルでスタイリッシュなデザインがおしゃれ。

はじめは「使いこなせるかわからない」と悩みましたが、どうせなら気に入ったデザインを、と思い切って買ったのが、万年筆の沼にハマるきっかけです。

毎年発売される限定カラーも楽しみのひとつ。新しく出るたび欲しくなるほど、大好きな万年筆です。丈夫で汚れに強い樹脂製のボディは手になじみます。

写真は2020年に発売された限定カラーのcandy mangoとcandy aquamarine。ワイヤークリップとボディが同色で統一されたポップなカラーリングがかわいい。

字幅は日本のメーカーよりもちょっと太めの字幅なので、店頭で試し書きしてみましょう。

LAMYサファリ／LAMY
ペン先：スチール
字幅：EF、F、M
インク方式：カートリッジ・コンバーター両用式
価格：4,400円
【お問い合わせ先】https://lamy.jp/

「インクを手軽に使いたい！」人へ

インクをすぐに使える吸入式万年筆

TWSBI ECO（ツイスビーエコ）／三文堂筆業
ペン先：ステンレススチール
字幅：EF、F、M、B、STUB1.1
インク方式：吸入式（ピストン式）
価格：7,700円

胴軸の部分がクリアになっていて、インクの色が透けて見えるのがステキ。万年筆のカラーとインクのコーディネートが楽しめます。写真のカラーは左からミントブルー、ホワイト。

ボトルインクを万年筆で使うためには、コンバーターが必要ですが、別売りになっていることが多いです。そこで、台湾の三文堂筆業が製造・販売しているブランド・ツイスビー。

ツイスビーエコはエントリーモデルで、万年筆そのものにインクを入れることができる、吸入式の万年筆です。吸入式は高価なモノが多くて、なかなか手が出せないモノが多いけれど、これは1万円以内で買えて、デザインも書き心地も大満足。分解キットが付いているからきれいに洗えて、ボトルインクを入れてすぐに使うことができます。

ボトルインクを使うとき、万年筆より手軽なのが、ガラスペンとつけペン。ペン先にインクを付けるだけで使えます。

ガラスペンは書き味がよく、筆記音も心地よいです。作家が手掛けた1点ものも人気で、ガラス細工の美しさに惹かれて購入することも。書き味に個性があるので、買うときは必ず試し書きをするのがオススメです。

つけペンは、ペン先と軸をつけ外しでき、ガラスペンと比べると丈夫で安価。カリグラフィー用など多彩なペン先があり、万年筆のペン先も文具店で気軽に買えます。

インクをつけて使えるガラスペン＆つけペン

○ガラスペン
Kemmy's Labo（ケミーズラボ）
ふと軸コルセット／イヌヅカ硝子工房
価格：7,920円

○つけペン
万年筆ペン先のつけペン hocoro
（ホコロ）／セーラー万年筆
【ペン先＋ペン軸】
細字、1.0㎜幅　価格：1,485円
2.0㎜幅、筆文字　価格：1,595円
【付替用ペン先】
細字、1.0㎜幅　価格：935円
2.0㎜幅、筆文字　価格：1,045円
リザーバーパーツ　価格：220円

つけペンは、気軽にインクを試せて、ペン先を替えられるのがメリット。hocoro（ホコロ）は、万年筆のペン先が選べるつけペンなので、とても使いやすい！　いつもの書きものにぴったりの細字から、カリグラフィータイプ、筆文字などの個性的なペン先も。

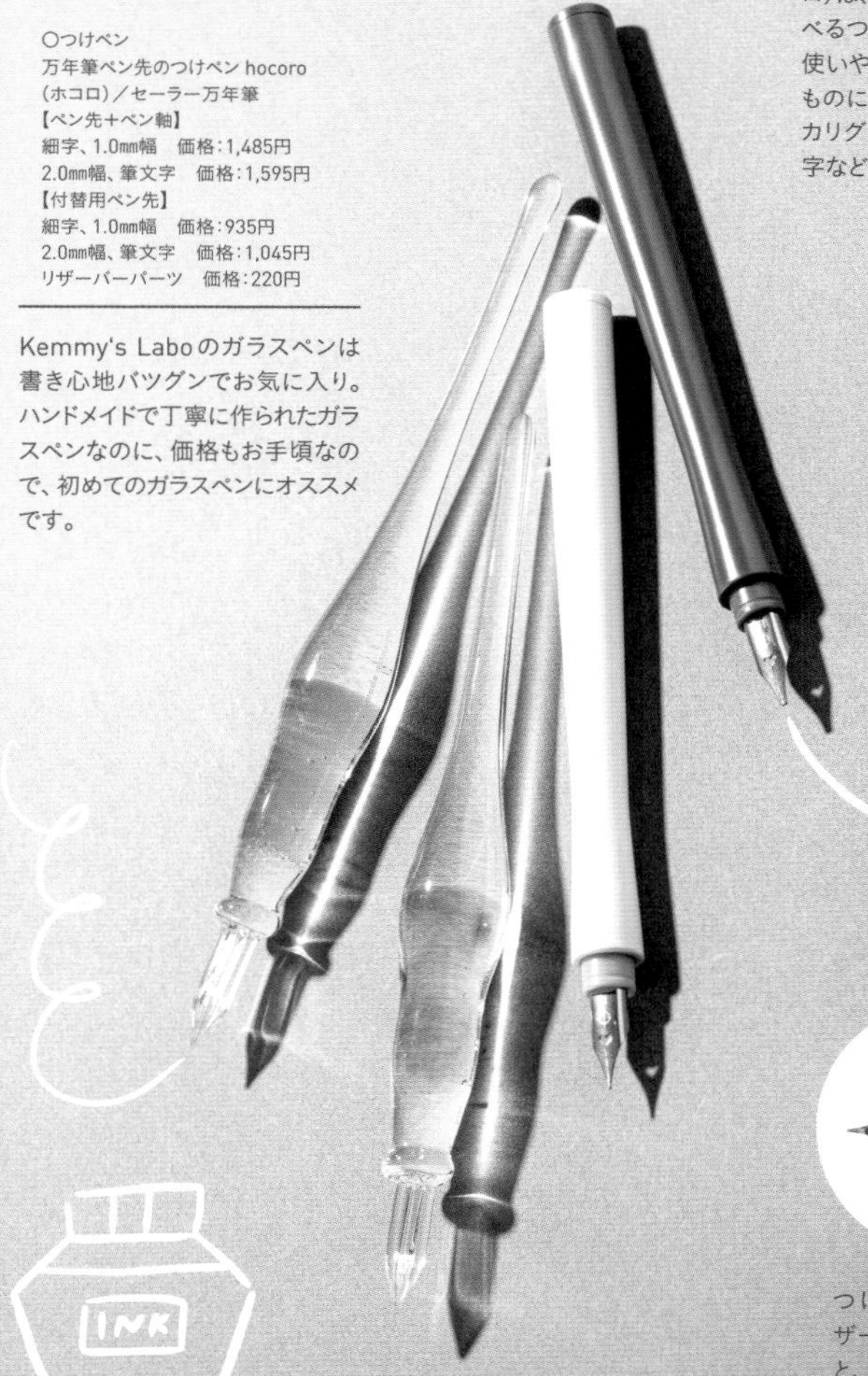

Kemmy's Laboのガラスペンは書き心地バツグンでお気に入り。ハンドメイドで丁寧に作られたガラスペンなのに、価格もお手頃なので、初めてのガラスペンにオススメです。

つけペンに別売りのリザーバーパーツを付けると、インクが長持ちする。
※2.0mm幅の筆文字にはリザーバーパーツの付属あり

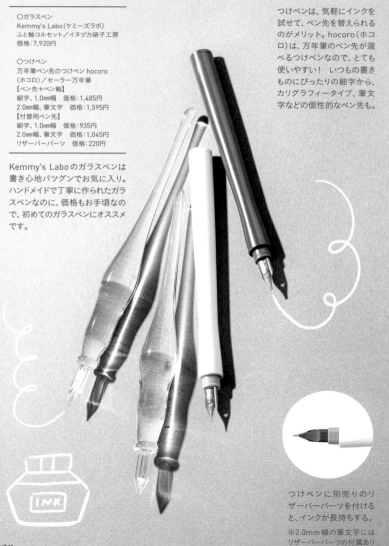

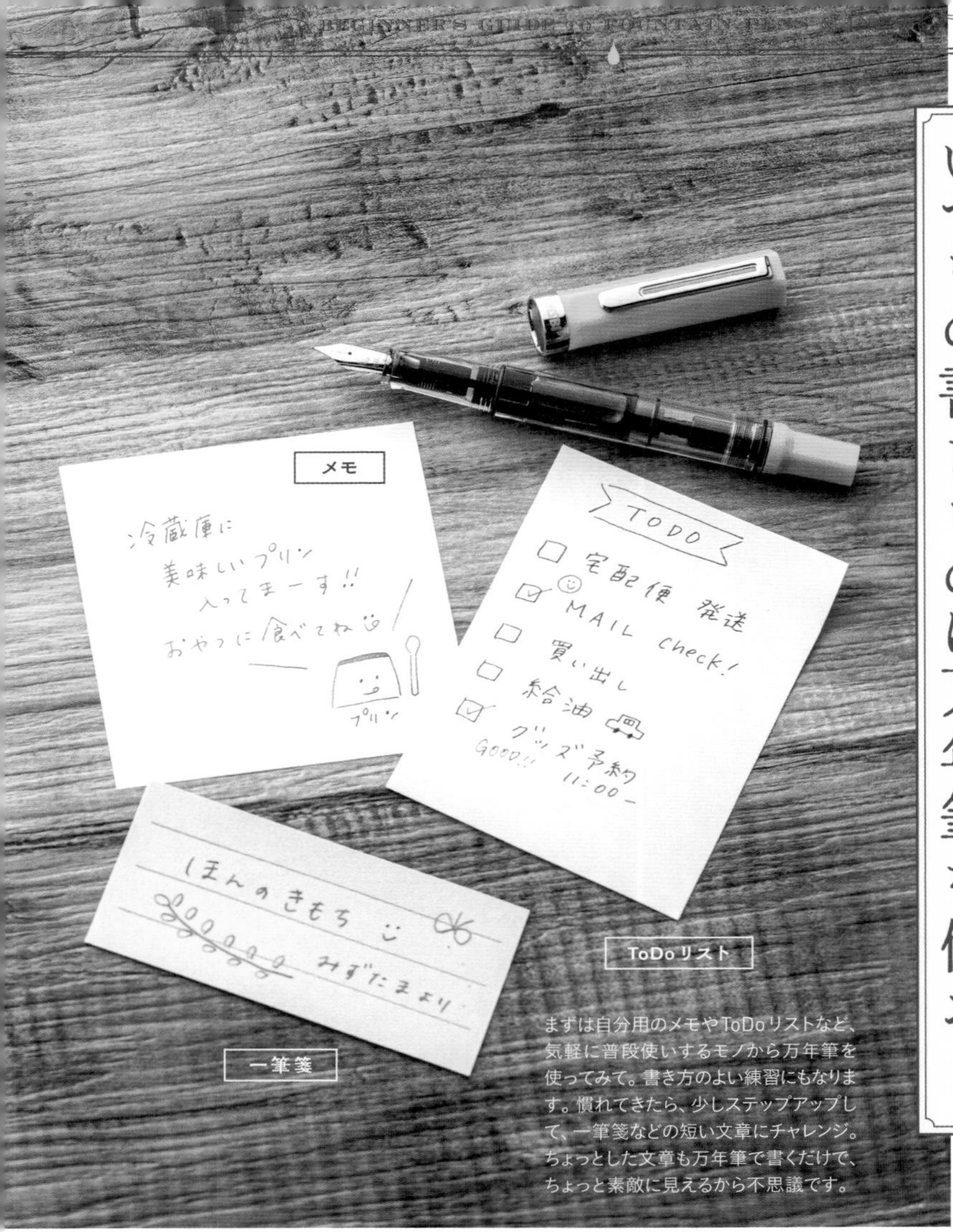
メモ
冷蔵庫に
美味しいプリン
入ってまーす!!
おやつに食べてね
プリン
TODO
宅配便 発送
MAIL check!
買い出し
給油
グッズ予約
GOOD!!
11:00〜
ほんのきもち
みずたまより
ToDoリスト
一筆箋

まずは自分用のメモやToDoリストなど、気軽に普段使いするモノから万年筆を使ってみて。書き方のよい練習にもなります。慣れてきたら、少しステップアップして、一筆箋などの短い文章にチャレンジ。ちょっとした文章も万年筆で書くだけで、ちょっと素敵に見えるから不思議です。

◉ちょっとしたモノも一気に素敵に！

いつもの書きものに万年筆を使おう

万年筆を手に入れたら、さっそく何か書いてみたくなりますよね。はじめは「何を書いたらいいんだろう」と悩む人もいるかもしれませんが、万年筆も鉛筆やボールペンと同じ筆記具です。「これを書くべき！」という決まりはないので、毎日の書きものに気軽に使ってみましょう。

たとえば、毎日のToDoリストや、家族への伝言メモ、お菓子をおすそ分けをするときのひとことメッセージなど、自分のモノや親しい人へのメッセージなどは、好きな色のインクを使って楽しく書きましょう。イラストを描き添えてもにぎやかになります。

また、万年筆ならではの味のある文字で、お手紙を書くのもオススメです。インクだ

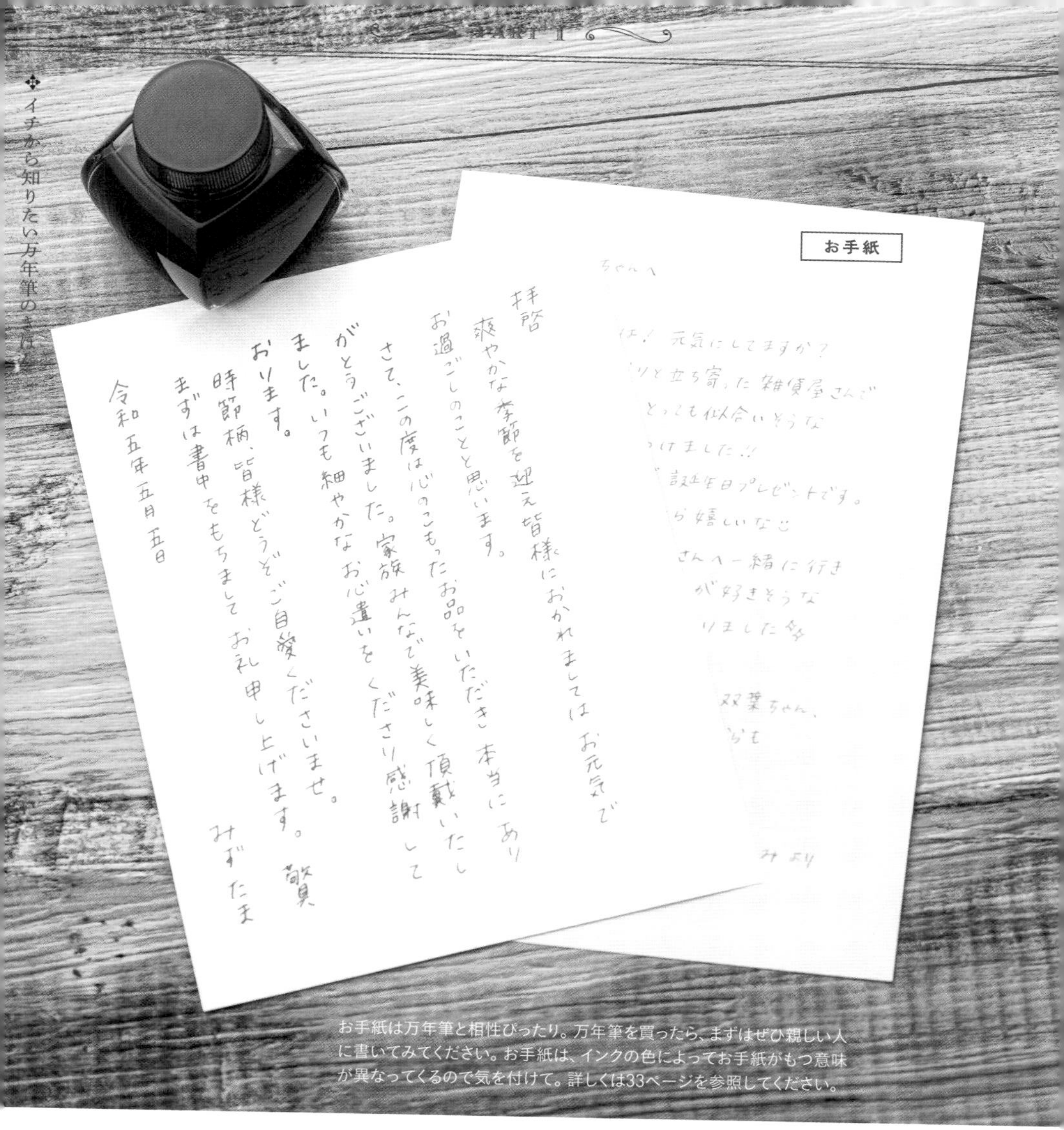

お手紙は万年筆と相性ぴったり。万年筆を買ったら、まずはぜひ親しい人に書いてみてください。お手紙は、インクの色によってお手紙がもつ意味が異なってくるので気を付けて。詳しくは33ページを参照してください。

まりもよいアクセントに。手書きのよさが光る、心のこもったお手紙になるはずです。

お手紙に万年筆を使うときは、送る人に合わせたインクカラーを選ぶこと、にじみにくい紙を選ぶのがポイントです。封筒の宛名や住所などを万年筆で書きたいなら、水性の染料インク（77ページ参照）だとにじむ可能性があるので、注意が必要です。特に梅雨時期などは、油性ペンを使ったほうが安心です。

万年筆はこまめに使ったほうが、インク詰まりが起こりにくくなるので、毎日使うだけでよいメンテナンスに。いつも手に取りやすい場所に置いて、気軽にいっぱい使いましょう。

TODO
宅配便 発送
MAIL Check!
買い出し
給油
グッズ予約
GOOD!!
11:00 –

チェックする色は文字と変えてわかりやすく。なるべくToDoリストを書いた色と、遠い色合いにすると見えやすい！

見出しをちょっとしたリボン風に。簡単な図柄でも味がでるのが万年筆のよいところ。

ToDoリストの色は、ひと目で読みやすいブルーブラックや黒がオススメ。

使う2色はなるべく反対の色に

IDEA 1

ToDoリストは2色を使ってわかりやすく

私は普段から、ペン立てにいろいろなインクを入れた万年筆を何本も用意しています。こうすると、文字を書いたり、イラストを描いたりするとき、好きな色をさっと使えて便利です。

たとえばToDoリストは、文字をブルーブラックや茶色など読みやすい色を使って書き、チェックを入れるときはカラフルな色を使うと、ぱっと見でわかりやすいだけでなく、かわいらしさもプラスされます。万年筆だからと構えず、カラーペンと同じ気軽さでいろいろなカラーインクを使ってみてください。

IDEA 2

目上の人へのお手紙は ブルーブラックのインクで

目上の人にお手紙を書くときは、あまりカラフルな色は使わないほうが無難です。マナーとしては、黒とブルーブラックなら間違いないです。ブルーブラックは古くから公文書などで使われてきた色。染料インク※のブルーブラックのほか、昔ながらの製法で作られ、色の変化が楽しめる古典インク※も人気です。ただ、古典インクは扱いに注意が必要なので、お手入れをしっかりできるようになってから使ってみてください。

（※詳しくは77ページ参照）

ブルーブラックは黒と同じように使える

ペリカンインク4001
ブルーブラック／ペリカン
価格：1,320円

最近のブルーブラックインクは初心者にも扱いやすい水性染料が多く、ペリカン4001のブルーブラックもそのひとつです。プラチナ万年筆では、古典インクのブルーブラックを扱っています。鮮やかな青から黒に近い色に変化するのが面白いので、万年筆に慣れたら挑戦してみてください。

IDEA 3

友達への手紙に使うインクは レターセットとの相性重視！

友達とのお手紙には、かわいいインクを使いたいもの。もし何色にしようか悩んだら、レターセットに使われている色と相性のよいカラーのインクを選ぶと素敵にまとまります。

便箋の紙の色に合わせたり、イラストや模様が入っている場合は、そのなかの1色を使ってみたり。もし白い便箋を使うなら、封筒の色と合わせてみてもかわいいです。

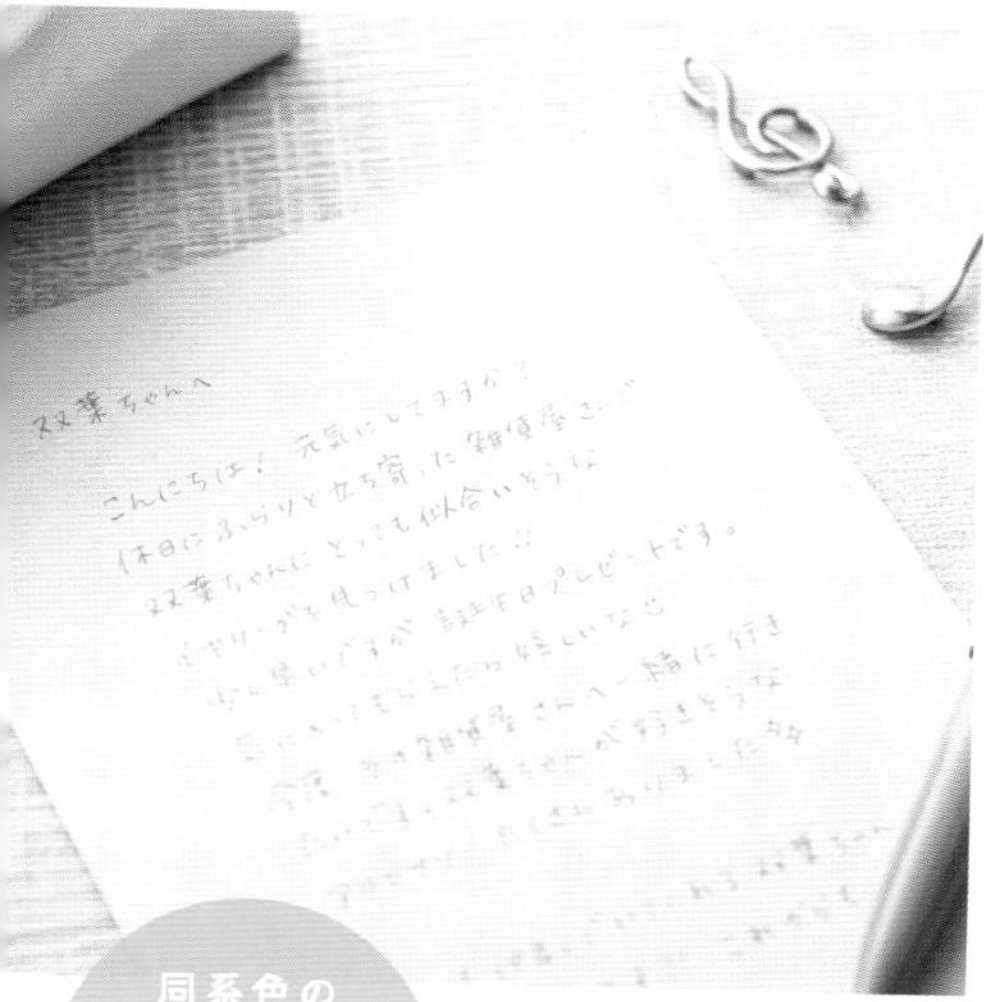

同系色のインクならかわいくまとまる

このお手紙は、便箋の色と合わせて、オレンジ色のインクで書きました。読みやすさにも気を配って選ぶのがポイントです。

超かんたんに味がでる！ 手帳の書き方

1月11日(水)
アイスカェオレ
(寒くても飲む!!)
チーズケーキ
八文字屋さん。
きのうのこと さんと
打合せ。
いつもの煉瓦家さんへ。
良き本棚で
ございました。
16
高さじゃなく、難しさです。
高さはさほど関係なくて、「この難しい壁を、
ぼくは、登り切れるんだろうか？」
というところに、おもしろさがあると思っています。
―― 平山ユージさんが『岩場で学び続ける人。』の中で

クラフト紙を合わせて レトロな雰囲気に

万年筆の書き味と、クラフト紙は相性抜群！ 組み合わせると、レトロかわいい雰囲気を楽しめます。クラフト紙はどんなカラーインクにもマッチするから不思議。このページでは海外で購入したクラフト紙シールを使いましたが、国内で手に入れやすいオススメのシールがあるので、ぜひ試してみてね。

クラフト紙のシールなら 手軽に使える！

入手しやすいオススメのクラフト紙シールはコレ！ ネットショップでも購入できます。

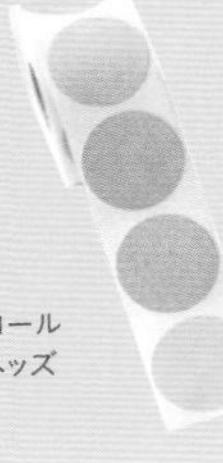

無地クラフトロール
シール・円／ヘッズ
価格：611円

ココで使った万年筆はコレ！

ペン先は、セーラー万年筆の中細（MF）。手帳のように細かい文字を書くのにはちょうどよい太さ。万年筆は、東京のancora（アンコーラ）という万年筆専門店で作った、自分だけのカスタム万年筆。コンバーターにコーヒー牛乳色のインクを入れて使っています。

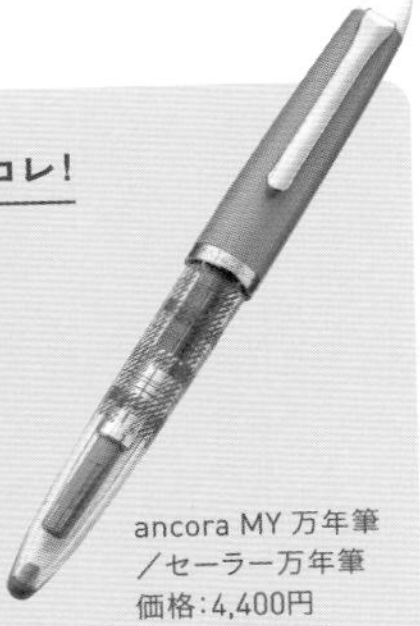

ancora MY 万年筆
／セーラー万年筆
価格：4,400円
太さ：MF（中細）

写真の色味にあわせたインクを使って統一感を出す

万年筆インクを調合して、オリジナルのインクを作れるイベント（各地文具店で不定期開催）で作った、コーヒー牛乳の色をイメージした特製インク。カフェの記録にもよく使います。

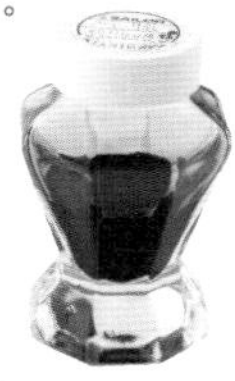

インク工房オリジナル調合インク（コーヒー牛乳色）／セーラー万年筆
価格：3,850円
サイズ：50ml
※イベントは124ページから紹介している東京ancora（アンコーラ）でも不定期で開催

COCO'S
Strawberry and Chocolate
イチゴ!!
あっ… 1月…
2月18日（WED）
う.ふ.cafeさんと
推し事の打合せ
COCO'Sでランチからの
デザートまで
超いちご!
15のクィーンパフェ
なかなかのボリューミーパフェ。
至福の味でございました
15
心の中に「後にしようボックス」みたいなものがあって。わたしが思うに、
仕事が早い、できる方って、「後にしようボックス」なんて持っていないんですよ。
すぐやってしまうから。だからそれこそ、今年、わたし、決めたんですよ。
小っちゃなことだけれども、領収書を溜めずに、その日のうちに分類する。
それを始めただけで、自分がちょっとだけ変われた気がしているんです。
—— 坂井真紀さんが『weeksdays 坂井真紀×伊藤まさこ「同世代。」』の中で

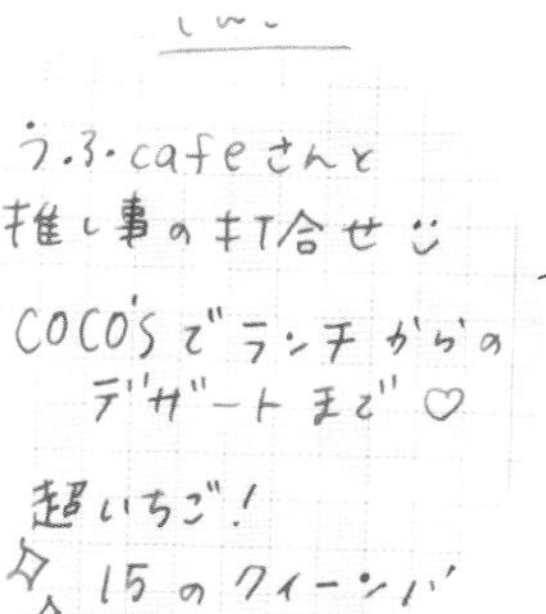
う.ふ.cafeさんと
推し事の打合せ
COCO'Sでランチからの
デザートまで
超いちご!
15のクィーンパ

茶色はどんなページにも合わせやすい万能選手！

暖色にも、寒色にもあわせやすくて、やさしい印象になる茶色のインクは使いやすくてお気に入り。普通のボールペンで描くより味が出て、インクだまりもあたたかみのある色合いに。

スケジュールや日々の出来事を記録する手帳にも、味のある万年筆の文字が映えます。ボールペンと同じように、気軽に使ってみてください。私はほぼ日手帳でよく万年筆を使いますが、ほぼ日に使われている紙は「トモエリバー」という万年筆と相性のよい紙。裏抜けやにじみの心配もありません。このページはパフェやケーキなど、喫茶店で食べたデザートを主役にしたいので、喫茶店っぽいカラーでまとめました。

クラフト紙やシールの黄土色と、万年筆の茶色のインクで、ちょっとレトロな雰囲気に。貼りたい写真や、書きたい内容に合わせてインクの色を選ぶと、ページに統一感が生まれます。

はじめて使う手帳に万年筆を使うときは、裏抜けやにじみがないか、関係ないページで試し書きするのがオススメです。

IDEA 1

手帳は左ページの上から一気に右下へ書くのがコツ！

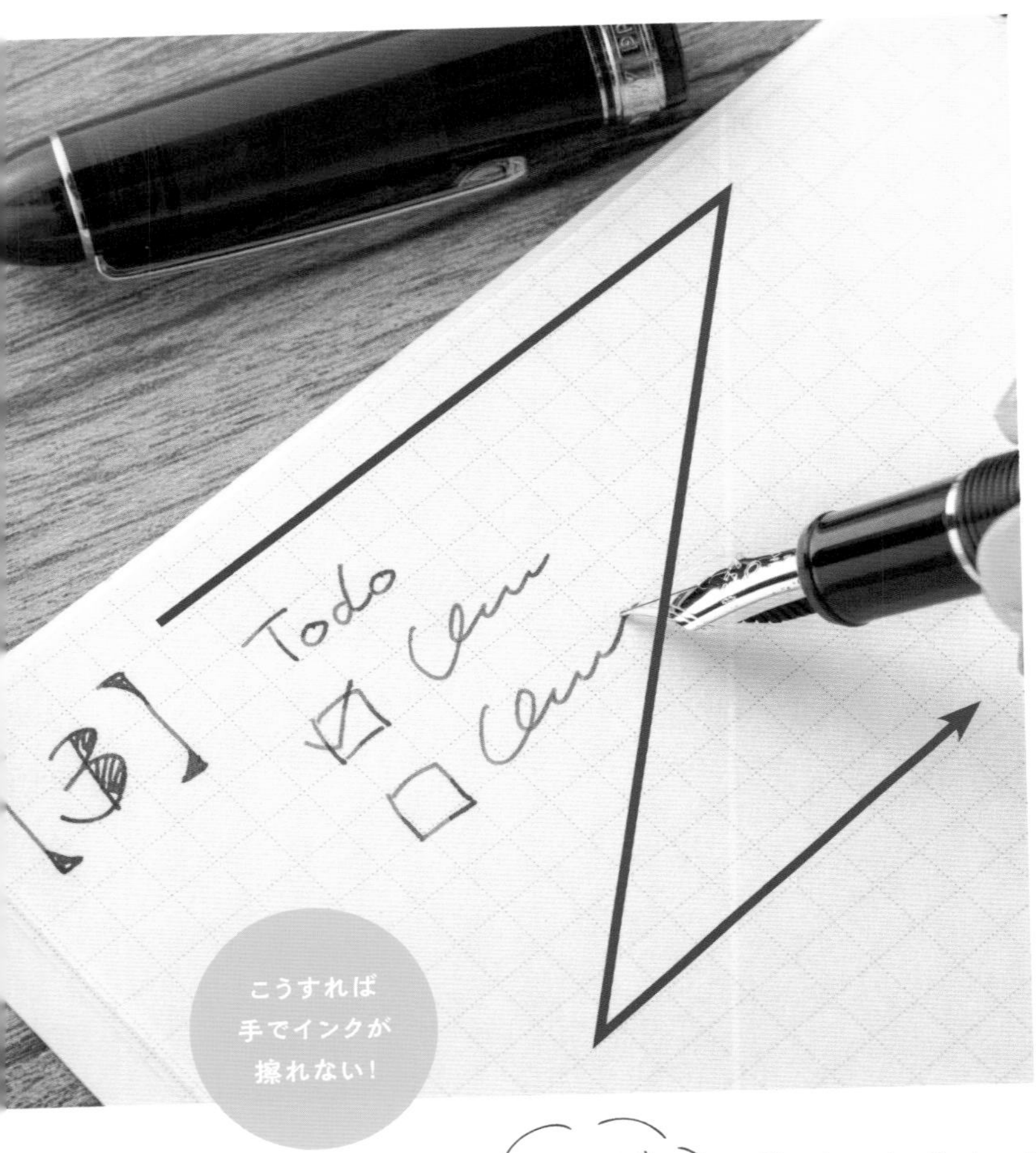
Todo
こうすれば
手でインクが
擦れない！

右利きの人は、手帳の左ページの上から右下へ向かって文字やイラストを書くと、手がインクに擦れることなく書けてスムーズ。特に、図柄を塗りつぶしたり、インクだまりができたりしたところは、インクが乾くまで少し待つときれいに仕上がります。特に、表面がつるつるした紙だとインクが乾きにくいので、にじんだり、ほかのページに色が移ったりしないように注意しながら楽しんで。

引っ掛かり
なく書ける！

プロフィット21
レフティ 万年筆
／セーラー万年筆
字幅：細字・中字・太字
価格：3万3,000円
ズーム　価格：3万5,200円

左利きの人は……

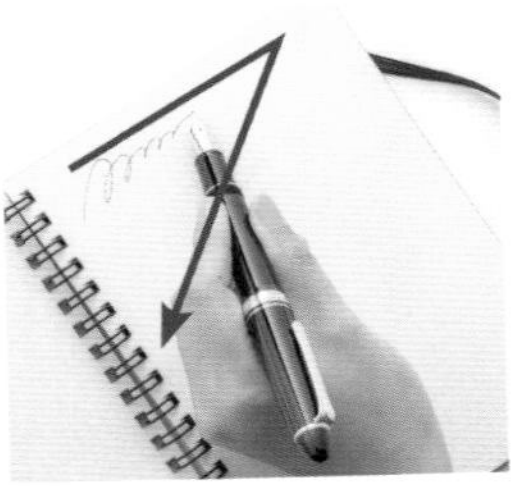

左利きの人は、右ページの上から、左ページの下に向かって書くと、手がインクに擦れずにきれいに書けます。左開きの手帳やノートだと、なお書きやすくてオススメです。

IDEA 2

手帳・ノートは吸い取り紙で色移り知らず！

インクが、手帳の対面のページに色移りしてしまう……という人は、吸い取り紙を使うのがオススメ。万年筆で書いたページに挟むだけで、インクを乾かしてくれます。もちろん、手近なプリンター用紙などで代用しても大丈夫。つるつるとした光沢紙ではなく、ザラ半紙のような、少し目が粗い紙のほうが早くインクを吸い取ってくれます。

挟むだけで
色移りの
ストレスなし♪
HELLO!

吸取紙
BLOTTING PAPER
16枚
シム-1N
KOKUYO

コクヨ　吸取紙
16枚入(品番：シム-1N)
／コクヨ
価格：198円
サイズ：60×227mm／16枚入り

LIFE

P131スイトリシオリ
シートタイプ
／LIFE
価格：605円
サイズ：202×142mm／5枚入り

IDEA 3

失敗しても大丈夫！上書きでかわいくする技

書いている途中、「誤字や書き間違いが出てしまった！」というときも慌てずに。失敗した文字や絵もあえて活かせば、思い出たっぷりの手帳になります。最近、私は間違えたとき「……って、そうじゃないよ！」、「そうじゃなかった～」と、自分でツッコミを書き加えるのがマイブーム。万年筆で書いたからといって、気張りすぎずに！

Today's LUNCH
BAGOOOON
おいおい「O」は3つじゃないYo!
焼きそば
BAGOOON
(バゴオーン)
誤字も活かして
その日の
雰囲気を記録

◉遊び心のある楽しいワザ ちょんづけグラデーション

forest lake green
ink asobi tanoshi
arekore tameshi
waku waku

青色〜茶色、緑色〜茶色のグラデーション。色が変わるとき、抹茶色やペールブルーなど、微妙なニュアンスカラーになるのがかわいい！

mizutamaさんオリジナルの使用方法だよ！自己流なので、心配な人はつけペンでチャレンジしてね！

あくまで自己流の楽しみ方なのですが、「ちょんづけグラデーション」というワザがあります。やり方はとってもかんたん！

好きな色のインクが入っている万年筆を1本用意して、その万年筆に入っている色以外のインクをペン先にちょんちょんとつけて書いてみるだけ。最初はちょんちょんつけた色が出てきますが、次第にもともと万年筆に入っていたインクの色に変わっていきます。要するに、かんたんな2色グラデーションができちゃうんです。

このやり方で文字やイラストを描くと、ちょっと不思議な雰囲気になるので、とっても楽しい！　かなり自己流の使い方ではあるので、試すときは手ごろな価格の万年筆を使ってみてくださいね。

赤〜緑の反対色のグラデーションは、2色とは思えない鮮やかさ！

太めのペン先や水筆で書くと、グラデーションになる色の変化がしっかりわかってオススメ。少しにじむのも楽しいです。

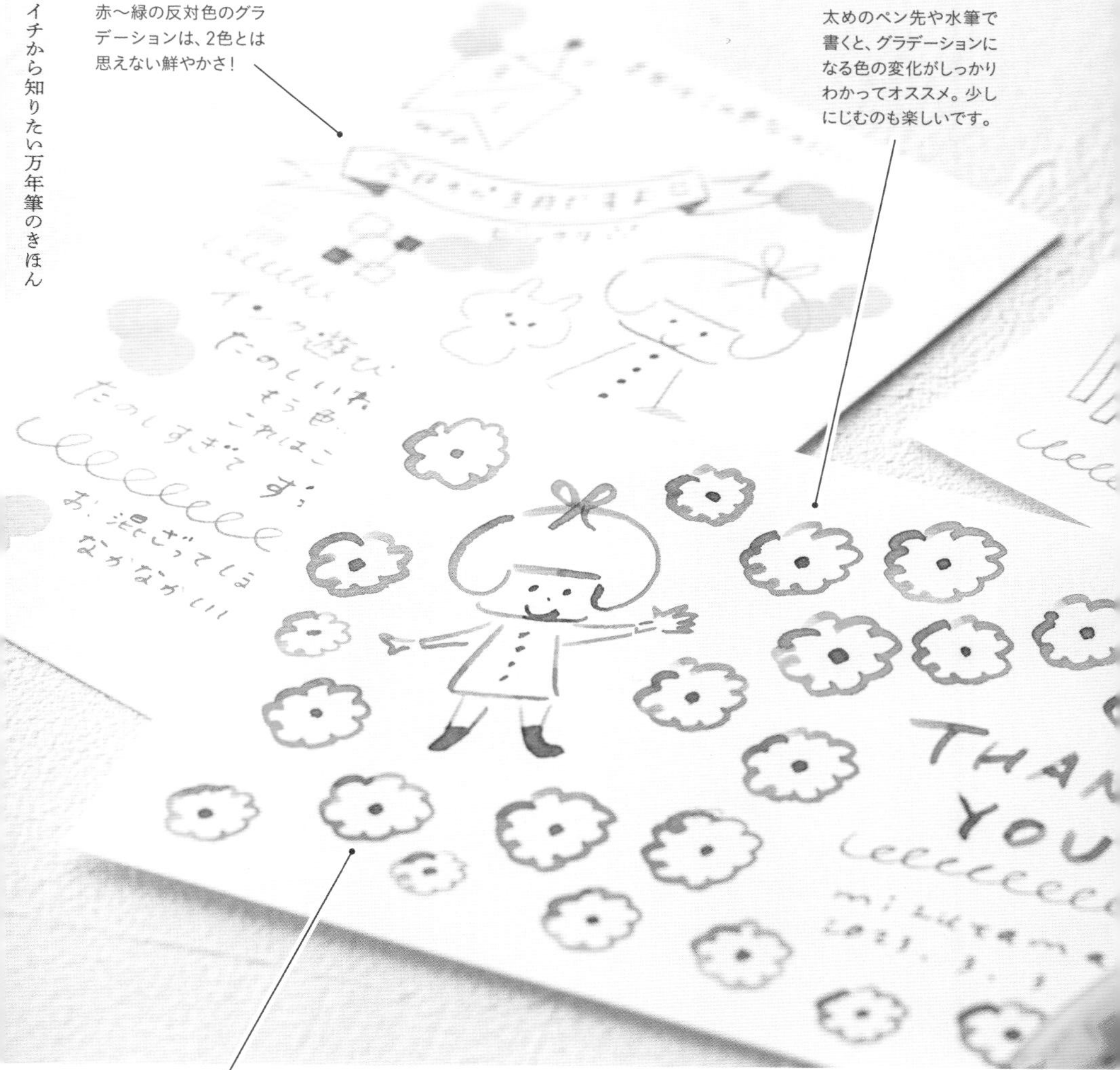

2色の組み合わせはトーンを合わせて

2色でグラデーションを作りたいときは、同系色の薄い色＋濃い色などの組み合わせにするか、暖色＋寒色ならトーンが同じ色を選ぶのがポイントです。例えばくすんだオレンジを選んだなら、くすんだグリーンにするなど。

「ちょんづけ」を楽しむときに必要なもの

ちょんづけグラデーションを楽しむときには、インクを少しだけ取り分けて使えるよう、パレット代わりになるものが必要です。小皿など何でも構いませんが、小さな仕切りがいっぱいある菊皿がオススメ。文具店や画材屋さんで手に入ります。

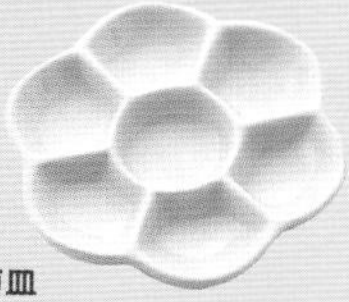

菊皿
グラデーションをつくるとき、パレットとして使います。

IDEA 1

ちょんづけグラデーションの方法

もともとインクが入っている万年筆のペン先に、違う色のインクをちょんづけすると、きれいなグラデーションになります。ちょんづけグラデーションのやり方を詳しく紹介していく前に、注意点が2つあります。まず、ちょんづけするとき、インクボトルの中に直接、万年筆を入れないこと。万年筆内のインクが混ざってしまうので、必ずインクを菊皿などに取り分けてください。もうひとつは、取り分けたインクはあくまで少しつければOKなので、ペン先をどっぷりつけないこと。万年筆の内部までインクが入ってしまうので、ペン先にちょっとつける程度にしましょう。

1

インクの入っている万年筆と、そのインクの色と混色（グラデーションに）したい色のインクを用意します。

2

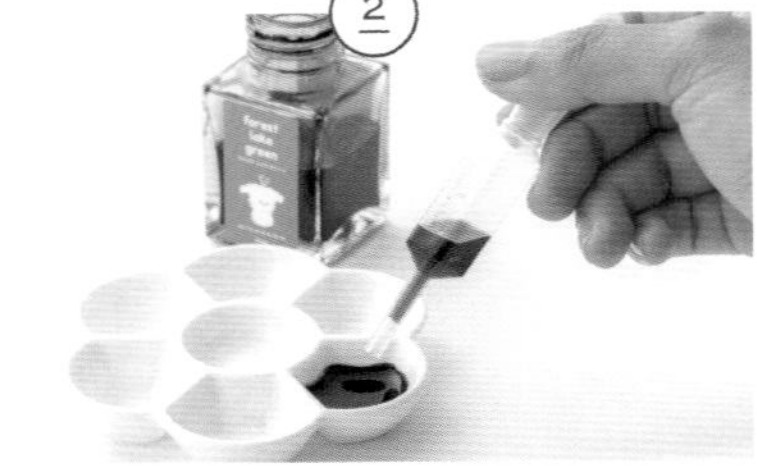

用意したインクの蓋を開け、スポイトで少量取って、菊皿やパレットに入れます。

3

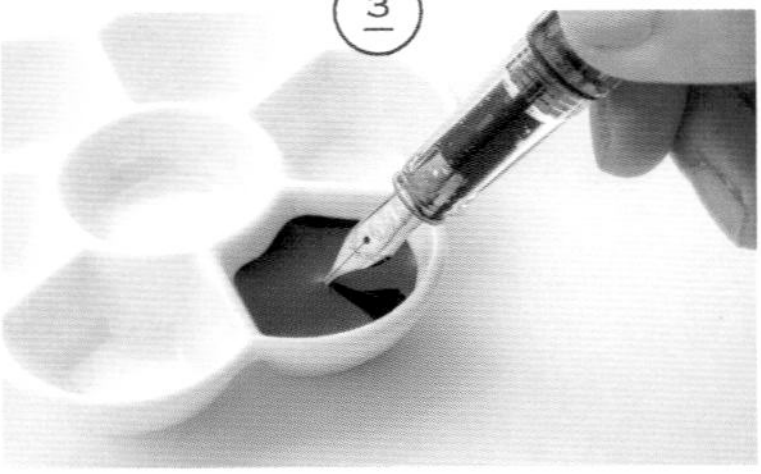

万年筆を菊皿に入れたインクに、ペン先をちょんちょんとつけます。

4

文字やイラストを書いてみましょう。はじめはちょんづけしたインクの色が強く出ていますが、徐々に万年筆の中に入っていたインクの色に変わってきます。

【ATTENTION!】

水に溶けやすい
染料インクで試してみよう

ここで使うインクは、水に溶けやすい染料インクを使用しましょう。特に古典インクの使用は避けてください。

IDEA 2

罫線をくるくる描けば色の変化がわかりやすい

くるくるするだけでかんたんに描ける罫線も、グラデーションになるだけで華やかな印象に。いろいろなシーンで大活躍します。文章を区切るときにはもちろん、カードの上下に描いて、デコレーションとして使っても◎。色の変化がよく見えてとってもかわいいです！

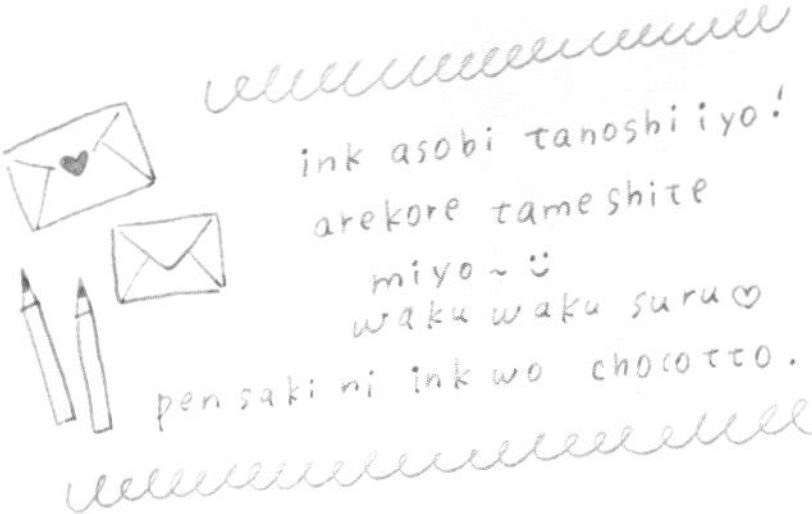
ink asobi tanoshii yo!
arekore tame shite
miyo~
waku waku suru♡
pen saki ni ink wo chocotto.

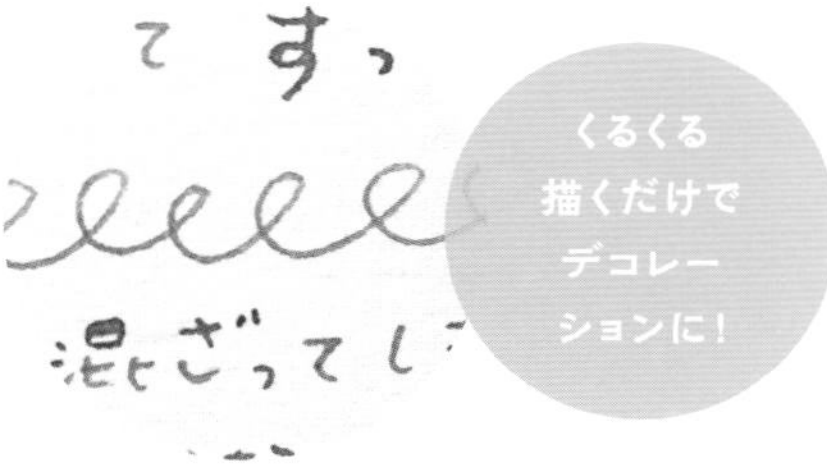
くるくる
描くだけで
デコレー
ションに！

文章同士の区切りにもぴったり。くるくるの大きさがきれいに揃ってなくてもOKです。ラフな感じがかわいい♪

IDEA 3

万年筆インクを「みず筆」でちょんづけしてもかわいい！

「みず筆」は、普通の筆と違って軸に水を溜めることができて、軸を指で押すと穂先に水が出てくる仕組みになっています。万年筆インクを使うときは、菊皿に2色インクを入れて、1色つけてから描いて、途中でもう2色をちょんづけしてさらに続きを描いていきます。最初の色とうまく混ざってきれいなグラデーションになります。

混ざったインクが
どんな色になるのか
ワクワク♪
THANK
YOU

軸のところに水を溜めて持ち歩ける「みず筆」は、文具店や画材屋さんなどで手に入ります。絵の具でお絵描きするときに使うのが一般的ですが、万年筆のインクとも相性抜群です。

ヴィスタージュ
みず筆 穂先：小
／ぺんてる
品番：FRH-F
価格：385円

かんたんなのにアートっぽく
インクの色を楽しむ ぬりぬり背景

青と黄色のインクを使った背景に、濃いグリーンのイラストを万年筆で。青と黄色のインクが乾かないうちに色を乗せれば、にじみでグリーンが出てきて、万年筆の筆記ともマッチします。

カラフルなインクをいろいろ楽しみたいけれど、イラストを描くのはあまり得意じゃない！　という人は、水筆と水彩用紙のポストカードを使って、塗るだけでサマになる背景を描いてみましょう。

万年筆用の染料インクは水に溶けやすいので、水筆や絵筆で絵具のように使っても楽しめます。

広範囲を塗りたいときは、水筆や絵筆が大活躍。ふんわりぼかしたり、じんわりにじませたり。ちょっぴりアートな表現が楽しめます。同系色の薄い色、濃い色の組み合わせに挑戦してみましょう。

オレンジと黄色のインクが少し乾いてから〇《マル》を重ねれば、ぼんやりしたグラデーションに。オレンジを濃くしたような茶色の万年筆インクがぴったり。

背景を塗って乾いたら文章やイラストを描こう

背景が生渇きのまま、万年筆で文字やイラストを書くと、インクが混ざったり、にじんだりしてしまうことがあるので、しっかり乾かしてから書きましょう。ただ、特にイラストの場合は、ちょっとにじんでも、そこがよい味になることも。失敗を恐れずいろいろ試してみてください。

ヴィファアール水彩紙
細目　ポストカードサイズ
30枚／マルマン
価格：440円

水筆を使うときは水彩用紙がおすすめ

万年筆は目の粗い紙は苦手なので、目の細かい水彩用紙を選べば、万年筆やガラスペンでも書きやすくてオススメ。水彩用紙は普通の紙に比べてインクや水の吸収がよく、乾くと素敵なニュアンスのタッチが生まれます。

IDEA 1

2色の○《マル》の背景とイラストでかわいいポストカードに

薄い色と濃い色、2色のインクを使って、○《マル》を重ねた背景を描いてみましょう。ポイントは、派手になりすぎないようにすること。濃い色や派手な反対色の組み合わせなどにしてしまうと、背景としては印象が強くなりすぎてしまいます。同系色の2色を選び、水筆で薄めてから描くと、ちょうどよい雰囲気に。2色の○が重なる部分は、インクがたまっている部分にうまく○を重ねると、きれいなグラデーションになるので試してみてください。

1

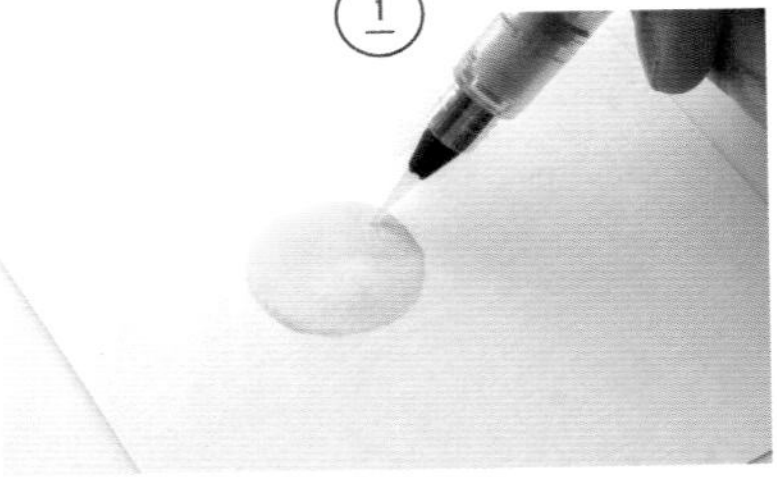

まずは薄い色の○から描きます。描き終わりのところにインクがたまるはず。インクがたまっている部分に次の○を重ねるので、スペースなどを考えて描きましょう。

2

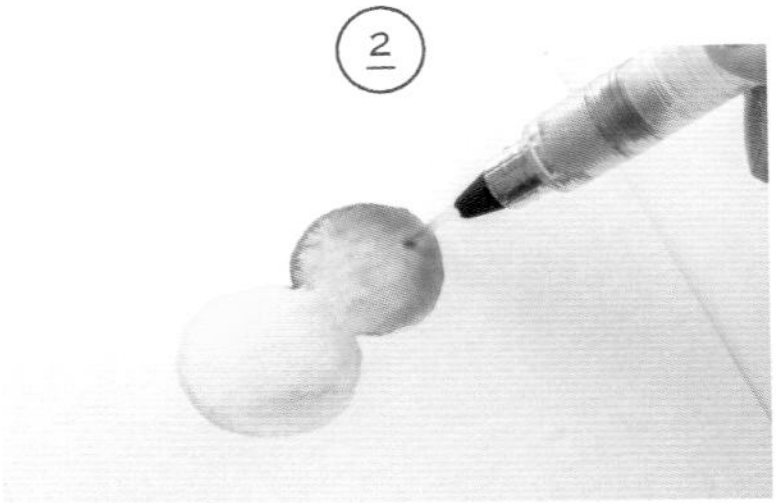

①の○のインクだまり以外の部分がある程度乾いたら、インクだまりとうまく重なるように濃い色のインクで○を描きます。周囲をぐるっと描いてから、色が重なる部分を塗るのがコツです。

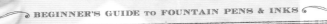

IDEA 2

にじみの背景で偶然の美しさを楽しもう

今度は2～3色のインクを使って、にじみの背景を描いてみましょう。にじみと聞くと難しそうに聞こえますが、びしゃびしゃのインクで遊ぶと思って気軽に楽しんでみてください。重なり合うインクが偶然どう混ざるのか、乾いたらどう仕上がるのかな？　とワクワクする背景です。今回は、水分を調整しやすい絵筆を使いました。

1

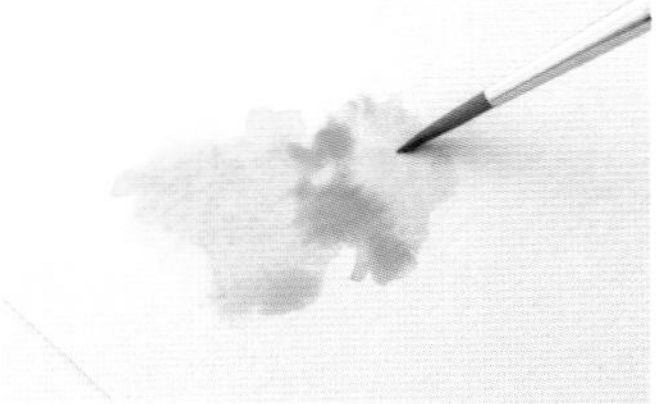

使いたいインクを2～3色、菊皿に入れておきます。絵筆に、1色目のインクを少しつけてから、水をたっぷりつけた状態で紙に塗ります。それが乾かないうちに、2色目のインクを少し重ねて塗ります。

2

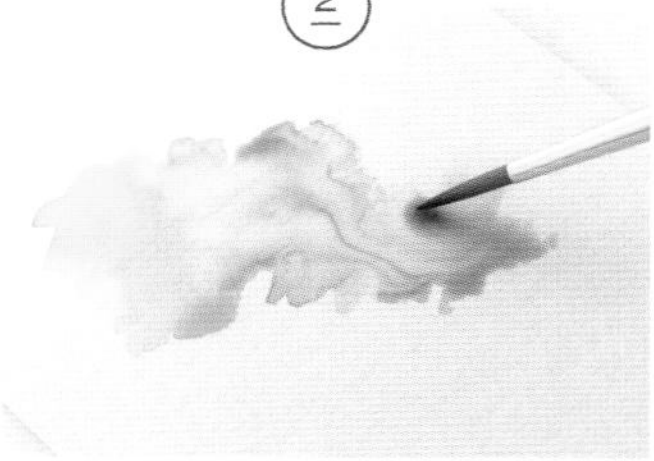

2色目をある程度広げて塗ったら、乾かないうちに3色目を塗ります。このように色を重ねていき、背景にしたい範囲を塗り終えたら、乾くまでそのままにしておきます。

3

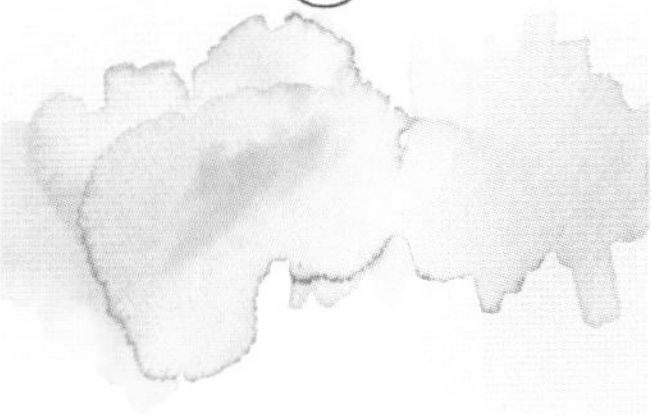

乾くと、こんな感じになりました。乾いてみないとどんな図柄になるかわからないのが、にじみの面白いところです。

にじみは
同系色を使うと
キレイに
まとまる！
SMILE

●カードや手帳にぴったり

○《マル》、△《サンカク》、□《シカク》と線で おしゃれなカコミを描こう

同じインクで、色の濃淡をつけて○、△、□を散らしたポストカード。かんたんな図形なのに、濃度や太さを変えるだけで、こんなにおしゃれに仕上がります！　万年筆で仕上げに線や図形を足すと、全体がぐっと引き締まります。

かんたんな形の組み合わせに線をちょっと足して、かわいい模様を描くことができます。この模様を囲むようにぐるっと描くだけで、おしゃれなカコミの完成。カードや手帳のデコレーションにぴったりです！　水筆で塗った○、△、□に、万年筆で点々やくるくる、タテ線などを描き足していくだけなので、チャレンジしやすいはずです。

　インクの色は、はじめは1色から。薄く塗ったり、濃く塗ったりして、濃淡をつけて描いてみましょう。慣れてきたら、何色か使ってカラフルに。あまり色が多くなるとまとまりがなくなるので、2～3色くらいがオススメです。

○△□をたくさん散らして手帳のカコミに。色を変えると一気に華やかさが増します。使う色は3色ぐらいに絞ると、きれいにまとまります。

手帳のカコミや空きスペースに

かんたんな形と線で描く模様は、カコミにしたり、空きスペースにちょっと描いてもかわいい！ 実際のページに描く前に、どんな形の組み合わせがかわいいか、いろいろ試し描きしてみるのがおすすめです。

IDEA 1

かんたんな形を並べて カードのカコミを描いてみよう

〇《マル》、△《サンカク》、□《シカク》などの形と、点、タテ線、くるくる線など、かんたんなモチーフを並べてメッセージカードにカコミを描いてみましょう。

インクは濃淡をつけることで、奥行きのある表現が可能になります。水筆を使った塗りで濃淡をつけて、万年筆の線でアクセントを入れるのがポイント。

これだけで、1色でも十分素敵なポストカードが描けます。

1

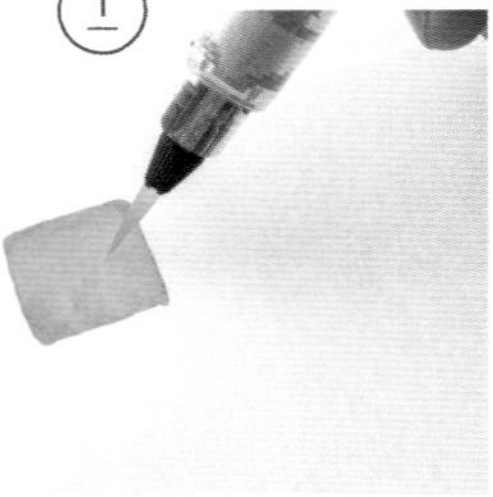

まずは水筆でいろいろな形を塗っていきましょう。水を多めにして、薄く□や〇をたくさん描いて、濃く塗る〇はアクセントとして入れましょう。

2

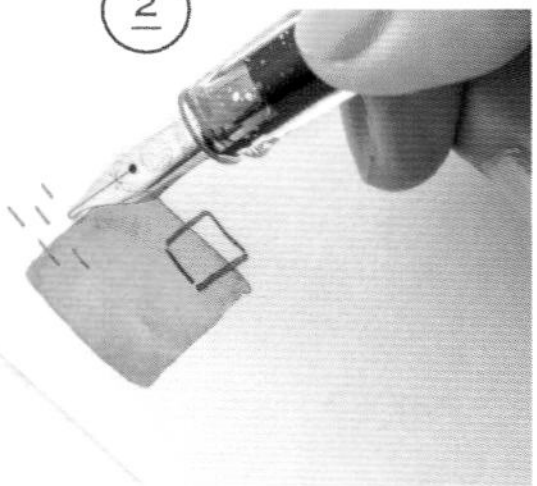

描いた形が乾いてから、万年筆で線を重ねます。

「FOR YOU」の文字も水筆で描くと、さらにおしゃれなカードになります。

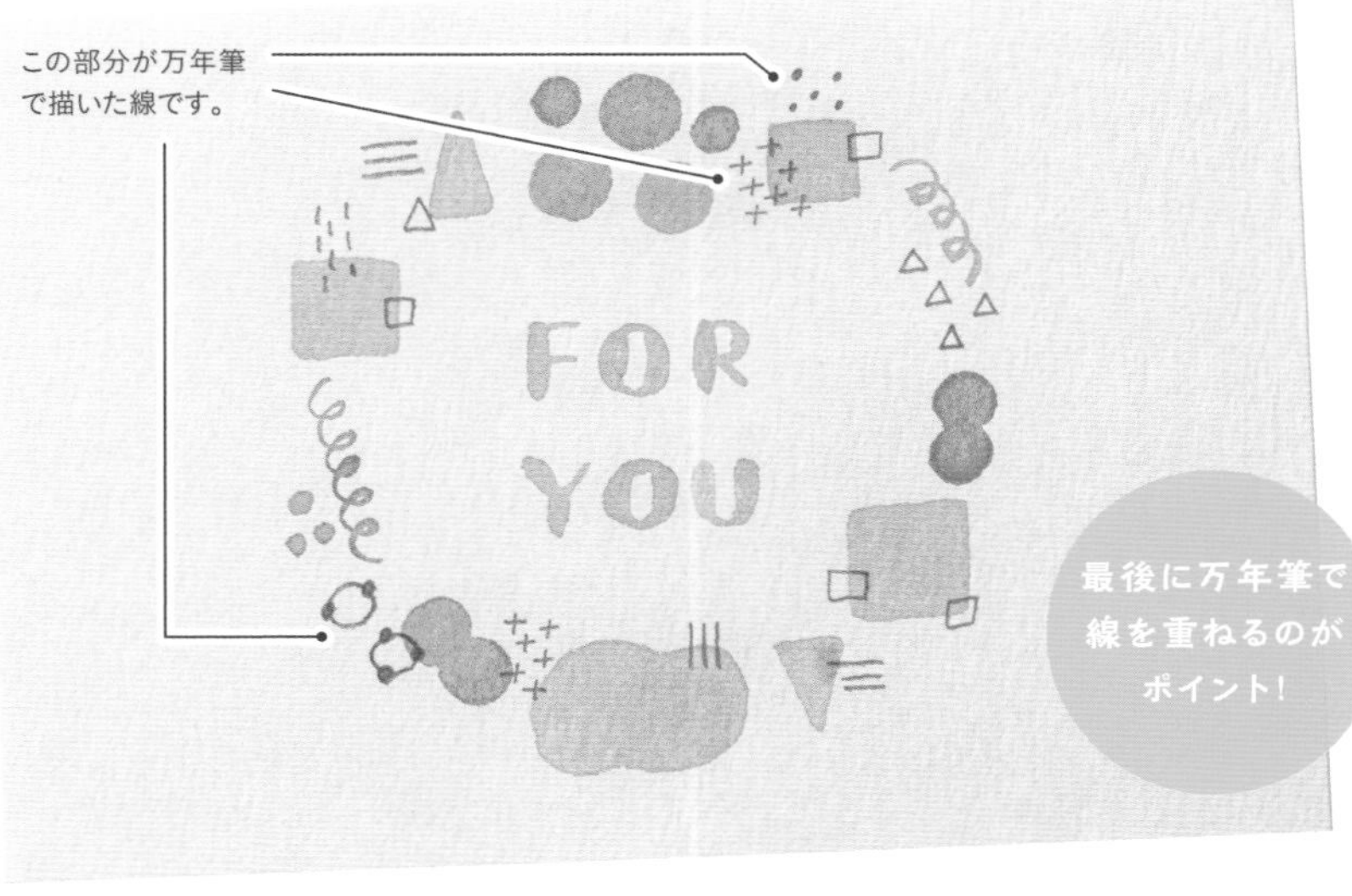
この部分が万年筆で描いた線です。
FOR YOU
最後に万年筆で線を重ねるのがポイント!

IDEA 2

カラフルなカコミで手帳を飾ってみよう

MAR
1
WED
今日は万年筆本の
作りなどなどを準備。
あれこれと楽しくなって ついつい
夢中になってしまった〜
万年筆とインク、やっぱり
とっても たのしい〜〜〜!!
パレット
パレットに出したインクを
万年筆のペン先に
ちょんちょんとつけながら
書くのもたのしくて!!
たのしい本になりそう
waku waku♡
1
2
3
混ざらないもの同士を混ぜようとする。
でも、完全には混ざり切らない。
バンドのオリジナリティって、
その違和感のことなんだと思ってます。
—— 山口一郎さんが
『バンド論。 サカナの泳ぐ植物園。』の中で

かんたんな図形を散らすだけで一気に華やかに

手帳にカラフルなカコミを描き入れると、シンプルだったページががらりと明るい雰囲気に！使うカラーインクは2〜3色に絞るとまとまりやすいのでオススメ。トーンの合うカラーを選んで描いてみましょう。

かわいくまとめるポイント

1. いちばん薄い色で大きめのモチーフを描きます。
2. 次に薄い色を❶の間にバランスよく描いていきます。
3. いちばん濃い色でスキマを埋めましょう。

◉万年筆と水筆を使って
1色&かんたんな形で かわいいお絵描き

色の濃いお花にはメシベや茎、葉っぱを万年筆で加筆。薄い色で描いたお花には、輪郭線をなぞるようにして形を出しました。

1色でも幅広い表現が楽しめるのが、カラーインクのよいところ。水筆で濃淡をつけて塗ったり、万年筆やガラスペンで細い線や太い線を描き分けたりと、実は画材としても優秀なんです。

ここでは、42〜49ページで紹介した背景やカコミと同じように、水筆で塗った形に、万年筆でちょっと線を足して、かんたんなイラストを描いてみました。1色だけのインクを使って、ポストカードに塗ったり描いたり。

きっと「1色でこんなにかわいくできるんだ！」とびっくりするはず。初心者でもマネしやすい描き方なので、ぜひ気軽にチャレンジしてみてください。

黄緑色とオレンジ色の万年筆インクでお絵描き。黄緑色なら植物やお花、オレンジ色ならお家やアヒルなど、描くモチーフに合わせて色選びをするのも楽しいです。

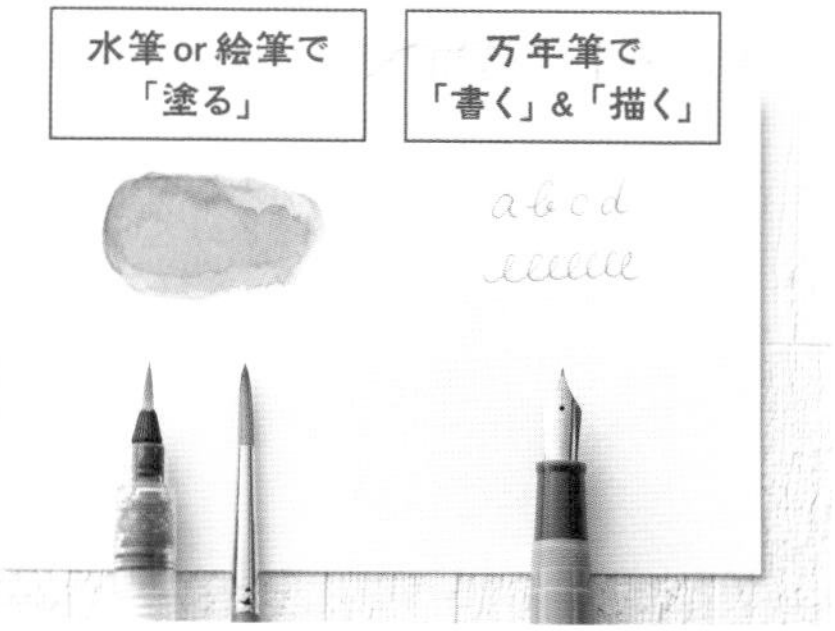
水筆or絵筆で
「塗る」
万年筆で
「書く」&「描く」

塗りと線で いろいろな表情が出せる

48ページでも触れましたが、水の量で濃淡がつけられるカラーインクは、1色で奥行きのある表現ができます。塗ったときと線で描いたときの印象も違うので、イラストにも最適です。

IDEA 1

カラーインクなら1色で幅広い濃淡をつけられる

48ページでも触れましたが、インクに混ぜる水の量で、色の濃淡をつけられるのがカラーインクのすごいところ。背景から主線まで、全部同じ色のインク1色で描けちゃいます。

このカードの背景は、タテ長、ヨコ長な□《シカク》を、いろいろなサイズと濃淡で描いていくだけ。いちばん薄い色は大きめサイズで、広めの場所に配置。濃い色は小さめサイズでスキマを埋めるようにバランスを見ながら配置するとうまくいきます。

同じインクでもこんなに色が変わる!

水分の量で、同じインクを使っているとは思えないくらい、ここまで色の違いが出せます。

水筆で色に濃淡をつける方法

薄く塗るとき

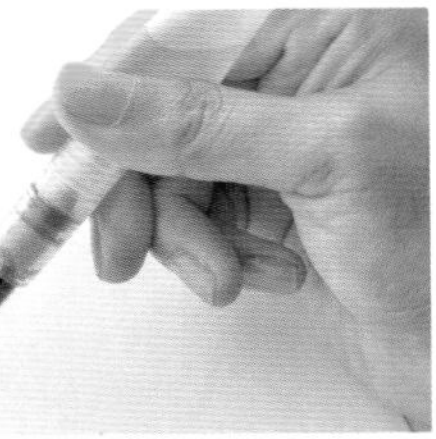

水筆の軸をぐっと押して、水の量を多めに出し、インクを薄めてから塗ります。

▼

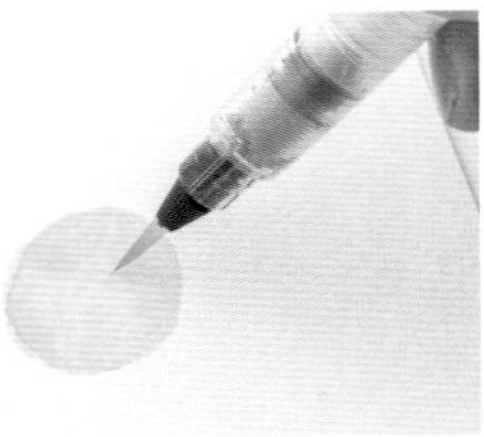

ふんわり薄い色になりました。

濃く塗るとき

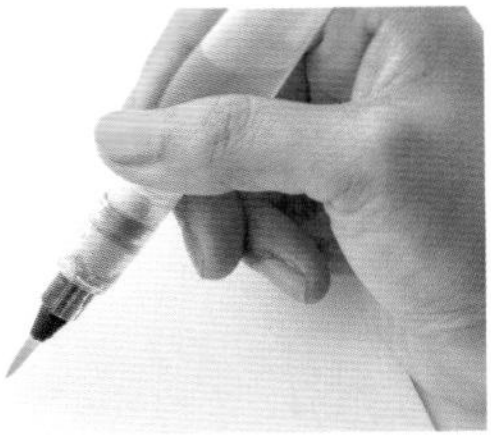

しっかり濃く塗りたいときは、出す水の量を少なめにします。

▼

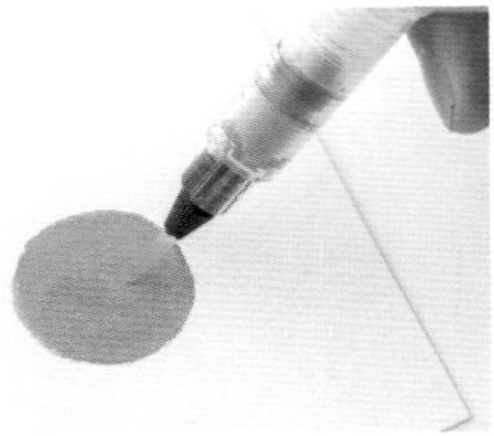

しっかり濃い色で描けます。

IDEA 2

水筆の塗りに万年筆の線をちょい足し！ かわいいイラスト

水筆の塗り＋万年筆の線で描くイラストは、インクのニュアンスも楽しめます。ポストカードやギフトカードなど、人への贈りものや、インク帳を描くのにもぴったり。はじめてでもマネしやすいモチーフをいくつか紹介するので、ぜひいろいろなインクで描いてみてください。

お花

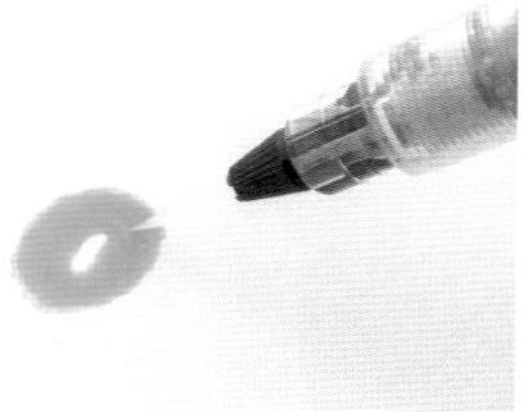

水筆でドーナツの形を描きます。

▼

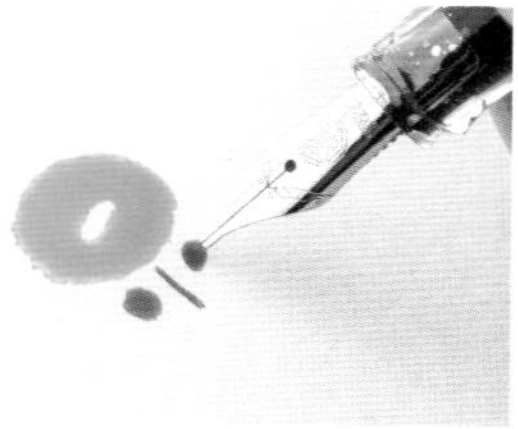

万年筆で茎と葉を描いて、お花の完成！

塗り＋線をちょい足しでかわいいイラストに！

うさぎ

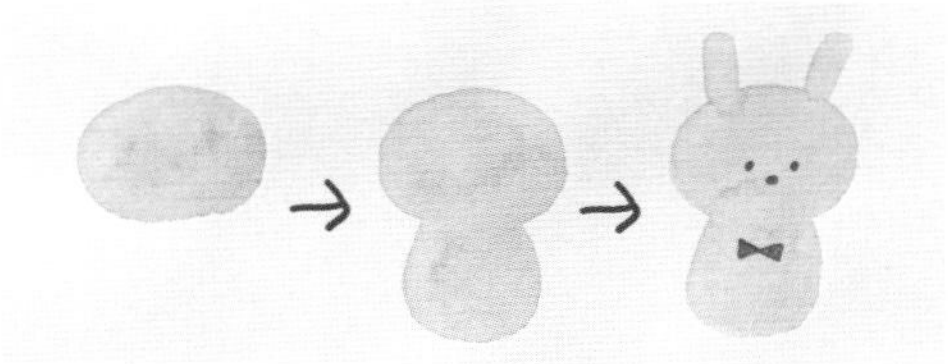

①水筆でヨコ長の○を描きます。

②その下に、タテ長の台形のような形を描きます。

③耳を描き、塗った部分が乾いたら、万年筆で目と鼻、リボンを描いてできあがり。

ことり

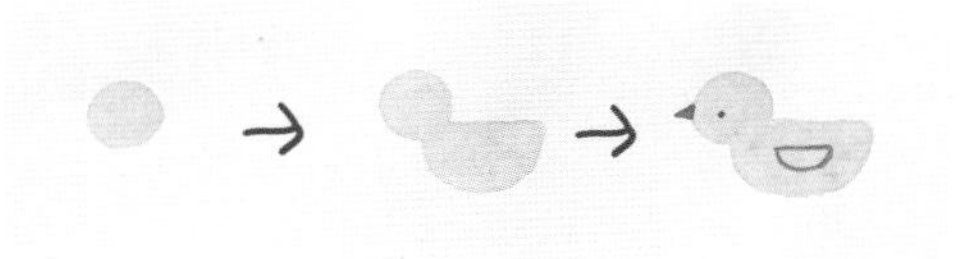

①水筆で頭になる小さい○を描きます。

②①の右下に接する位置に半円を描きます。

③万年筆で目、くちばし、羽根を描いて完成！

枝葉

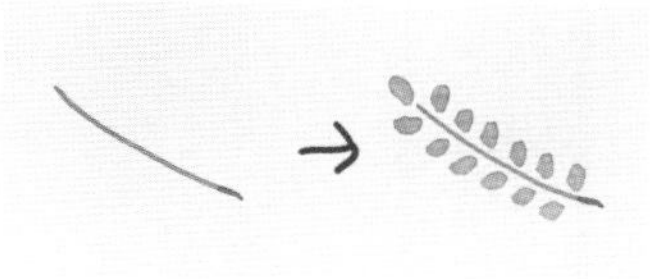

①万年筆で枝を描きます。

②水筆で葉っぱを描いていきます。左右の葉は、枝にくっつけずに描くのがポイント。

万年筆+インクコーデの楽しみ

イエローのツイスビー(写真上)には、同系色の茶色のインクをIN。

ホワイト(写真中央)のほうには、蓋の飾りと同じ赤を入れてバランスよく。

グレーのキャップとピンクの軸がかわいいカヴェコのパケオ(写真下)には、軸色に合わせてピンクのインクを入れました。

ファッションと同じように、万年筆もインクとのカラーコーディネートを楽しめます。たとえば、市販のカラーボールペンなどは、軸色と同じ色のインク入っていることが多いですが、万年筆は入れるインクのカラーを自分で選べるのが楽しいです。万年筆の軸色と同じ色のインクをコーディネートしてもよいですし、まったく違う色を選んでも、「え、この万年筆からこの色が!?」という意外性が楽しめます。

ツイスビーのようなスケルトン軸の万年筆は、キャップや尾《び》栓《せん》の色と、インクの2色の組み合わせを考えるのが面白いですよ。白+赤でイチゴミルク、ミントグリーン+茶色でチョコミントなど、テーマを決めてもかわいい!

自分なりのコーディネートをぜひ楽しんでみてください。

インクメモを書いておこう

使う万年筆やインクの数が増えてくると、「この万年筆にどのインクを入れたっけ？」と思い出せなくなることがあります。

また、万年筆のインクは、瓶から透けて見える色と、実際に書いたときの色が違うこともあるので、似た色のインクを持っている場合、「どっちの色だっけ？」と混乱してしまうことも。

万年筆にインクを入れたら、その万年筆でインクメモ用のノートに、記録した日付、万年筆のメーカー名や軸の色などを書いてから、中に入れたインクの名前を書いておきます。インクの試し書きにもなって一石二鳥なので、ぜひやってみてくださいね。

A6ロングサイズのノートにメモ。文字だけでなく、イラストや罫線なども試し書いて。万年筆の字幅とインクの相性も試せるので、書いて損はないメモです。

ロルバーン
おしゃれでカラーバリエーション豊富なリングノート。クリーム色の方眼紙は、鉛筆、ボールペンはもちろん、万年筆でもにじみや裏抜けがないのでお気に入りです。手に入りやすいので、毎日、気軽に使っています。

ツバメ中性紙フールス
筆記用として最高級品質のフールス紙は、万年筆の筆記に適したちょうどよいきめ細かさ。にじみにくく、裏抜けもしにくい、国内工場で作られたオリジナル用紙なんです。

とっても大事な紙との相性

万年筆を使うとき、切っても切れない大事なポイントが、紙との相性です。お気に入りの手帳やノートに書くときは、できればにじみや裏抜けなく、きれいに書きたいもの。ただ、万年筆はほかの筆記具より紙とのトラブルが起こりやすいので、少し注意が必要です。

万年筆は、ボールペンと比べて、ペン先から紙に浸透するインクの量が多めです。また、水性染料インクは水分が多くさらっとしているので、にじみやすい傾向に。だけど、心配しなくて大丈夫！

国内のさまざまなメーカーが、万年筆と相性抜群の紙を作っているので、選択肢はたくさんあります。紙によって、インクの発色や、多彩な書き心地があるので、お気に入りの紙を見つけてください。

万年筆ぬらぬら紙。
グラフィーロ・ペーパー A5
MD
MD
PAPER
PRODUCTS
ABCDEFG
あいうえお
ABCDEFG
あいうえお

GRAPHILOペーパー

万年筆にハマったら一度は使ってみたいGRAPHILOは、万年筆で「ぬらぬら書く」ことをコンセプトにしたオリジナルペーパーです。文字の輪郭がくっきり見える、気持ちのよい書き心地を楽しんでみてください。

MD用紙

ほんのりクリーム色の少しざらっとした紙で、独特の書き心地がクセになります。文庫サイズやレポートパッドなどシリーズで色々なサイズや罫線のものが出ているので、用途に合わせて選んでみて。

はじめての紙は試し書きをしよう

happy

にじみや裏抜けを防ぎたいときは、まず本格的に書き始める前に紙の隅っこで試し書きをしてみると安心です。

万年筆あるあるな失敗例

裏抜け

紙の裏側にインクが抜けてしまうことを「裏抜け」といいます。ノートの場合は裏抜けすると裏のページに文字を書けなくなってしまうので、要注意。ふせんも裏抜けしがちですが、裏側は使わないので問題ありません。

MESSAGE
CARD
ありがとう

にじみ

インクと紙との相性や字幅によって、文字がにじんでしまうことがあります。和紙や目の粗い紙などは、にじみが起こりやすい傾向にあります。お手紙や一筆箋など、人に送りたいものを書くときは注意しましょう。

BEGINNER'S GUIDE to FOUNTAIN PENS & INKS

PART 2

万年筆を使って描く かわいいイラスト

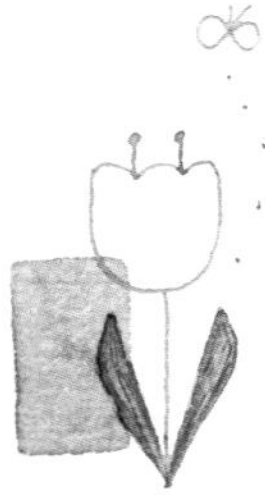

万年筆とインクを使って、
楽しいお絵描きをしてみましょう。
万年筆ならではの、独特の描き味を活かした
シンプルなイラストは、普段から使う手帳やノート、
メモ、ふせん、カードなどにぴったり。
ぜひいっぱいマネして描いてみてください。

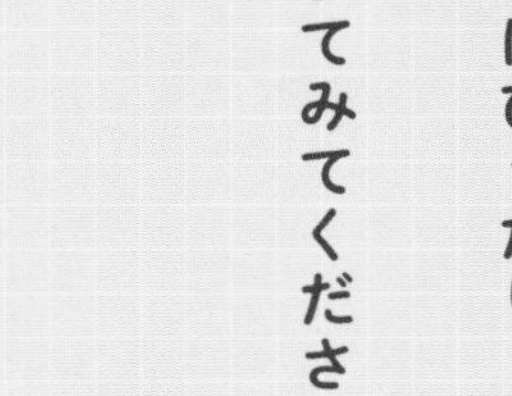

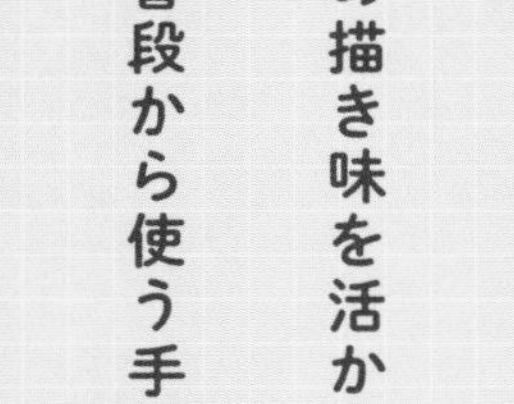

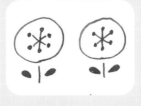

万年筆で描くイラストのコツ

万年筆でイラストを描くときは、「インクだまり」を楽しみながら描くのが好きです。インクだまりは、つるりとした手帳やノートの紙で、中字～太字の万年筆、ガラスペンなどインク量の多いペンを使ったときのほうが、わかりやすい気がします。インクだまりを活かしてイラストを描くときは、インクや紙に仕上りが左右されるので、いろいろ試してください。

描きはじめの位置がポイント

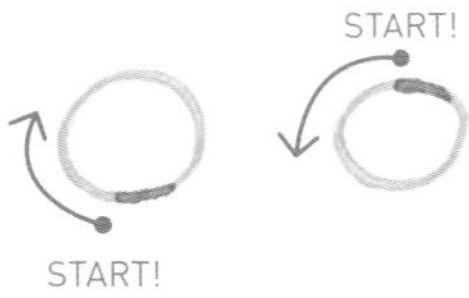

描き終わりにインクがたまります。

お花

描きやすいモチーフのお花。花びらをひと筆で描くか、それとも1枚1枚描くかで、イラストの印象が変わります。

花びらをひと筆で描くと インクだまりはひとつ

花びらを1枚ずつ描くと インクだまりは4つ

しかく

角が4つ、線が4つで構成される□は、「どこから描くのが正解かな?」と悩みがちなモチーフ。お好みで描いてみてください。

左上から下へ　**右上から左へ**　**右下から左へ**　**左下から上へ**

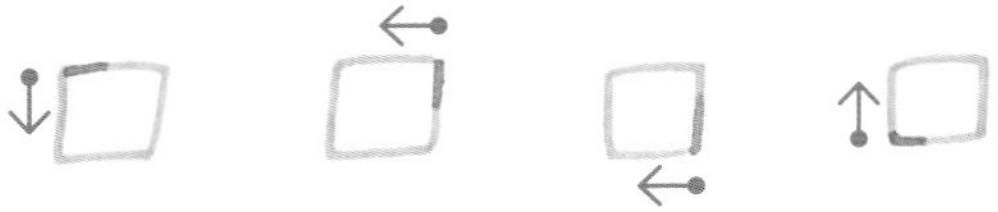

ぐるぐる

ぐるぐるはひと筆で描くのが一般的ですが、ぐるぐるを一個ずつ描き、クロス部分にインクだまりを作ることで、ひと味違うかわいらしさが生まれます。

ひと筆で描くと

ぐるぐるを1個ずつ描くと

インクだまりが3つできます！

ぐるぐる1個の描き方

線が交差するところでいったんストップします。 → くるんとしたら、また交差するところで止めます。 → 最後まで描いて完成。

描きやすい形のイラスト①

「○《マル》」がきほんのモチーフいろいろ

かんたんな形をベースにいろいろなモチーフを描いていきましょう。○は特にかんたんに描ける絵がたくさんあるので、初めて描く人でもトライしやすいはず。

りんご

丸に葉っぱと顔を足すだけでかわいい!

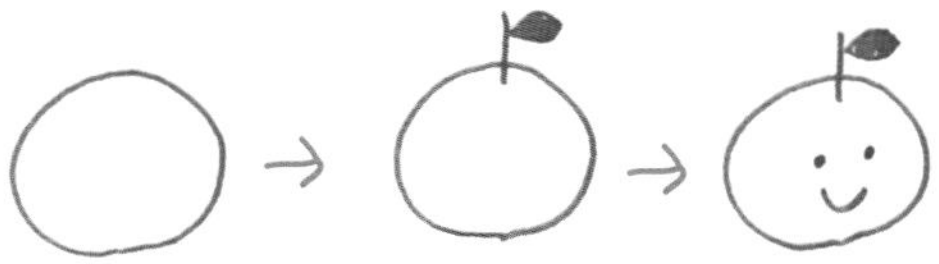

少し楕円になるように、丸を描きます。

てっぺんに枝と葉っぱを描きます。

目と口を描いてできあがり。

ドーナツ

リング型にしたり、模様をいれたり、アレンジ自在です。

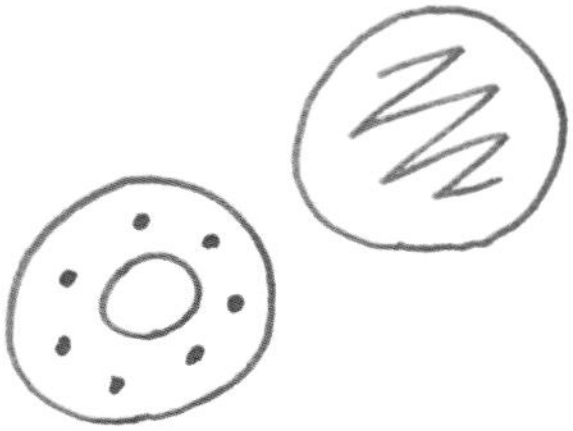

さくらんぼ

顔を描いて双子にするとキュートです。

お花

アスタリスクに点をつけるだけ。丸いお花はいくつか並べてもかわいい。

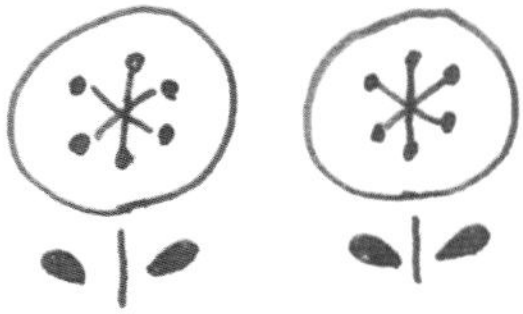

テントウムシ

丸いからだに頭と模様をつけるだけ。クローバーと一緒に描いても◎

ちょうちょ

小さな○を2個並べて描いて、触角を描けばできあがり。点々で飛んでる軌道を入れて。

描きやすい形のイラスト②

「△《サンカク》」がきほんのモチーフいろいろ

散らして描くだけでもかわいい△は、美味しいものからお家まで、いろいろなモチーフに。カドを丸く描くと一味違う雰囲気になります。

お家

△と□の合わせワザ。窓の形を変えたり、屋根に模様を描いたりいろいろアレンジできます。

正三角形に近い△を描きます。

△の下に□を描きます。

窓を描き、△の旗を立てて完成。

リボン

左右対称の△2つを描くだけで、できあがり。自由に模様を入れたり、いろんな大きさで描いたりしてみて。

いちご

逆三角形を描いて、種とヘタを描きます。種はちょっとタテ長に描くのがポイント。

ちょっと丸くすると、さらにいちごっぽくなります。

アイスクリーム

こちらは○と△の合わせワザ。コーンの△は縦長に描くのがポイント。

木

タテ長のとがった△、丸っこい△を描いて、幹を描きます。幹はタテ線で塗ると、より木らしくなります。

描きやすい形のイラスト③

「□《シカク》」がきほんのモチーフいろいろ

○や△よりもかんたんに描けるのが□。コップや文房具など、日常でよく使うものをいろいろ描けます。

カップいろいろ

マグカップや、グラス、ドリンクカップなど、ちょっとのアレンジでいろいろなカップが描けます。まっすぐな□を描くか、逆台形のような□にするかで変化をつけられます。

バッグ

横長の□に持ち手をつけて、好きな柄を入れるだけ。

チョコレート

下記のスケッチブックの②で穴を描かず、背表紙を描けば本になります。

えんぴつと消しゴム

細長い□と、尖った△でえんぴつに。消しゴムは細長い□と、丸半分でできあがり。

スケッチブック

タイトルや模様を入れてアレンジしても◎

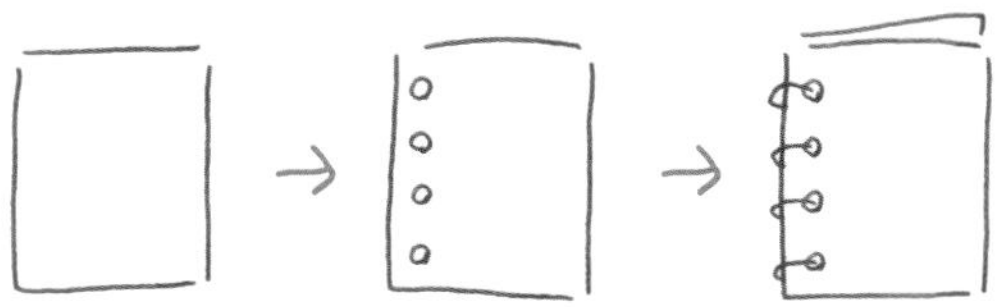

タテ長の□を描きます。

左に小さな○を4つ描きます。

くるんとリングを描き、裏表紙を描いて完成。

本

左記のスケッチブックの②で穴を描かず、背表紙を描けば本になります。

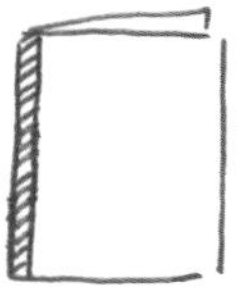

描き味を活かしたプチイラスト

動物、おやつ、植物、万年筆とインクなど、何に描いてもかわいいモチーフを集めました。インクだまりも意識して描くとさらにかわいいですよ。

動物

楕円をベースにしていろいろな動物が描けます。

くま

楕円を描きます。

ころんと丸い耳を描きます。

目と鼻は近い位置に描くとかわいく仕上がります。

パンダ　うさぎ　ねこ

耳の形を変えるだけでいろんな動物に!

小鳥

頭を描きます。ころんと丸くするのがコツ。

羽を描きます。横にした上と下の羽の大きさを揃えるのがコツ。

くちばし、目、羽の模様を入れてできあがり。

おやつ

美味しいおやつは、○、△、□の応用で描けるモノばかり。

ケーキ

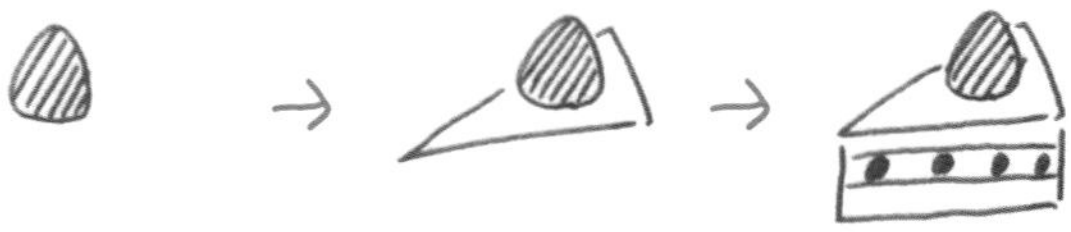

いちごを描きます。

細長い△にいちごを、乗せるみたいに描きます。

ケーキの断面部分を描いて完成。

クッキー　カップケーキ　キャンディ

○、△、□を基本に描けるお菓子いろいろ。

植物

使い勝手のよい植物は、ちょっと難しいものもありますが、マネして描いてみてください。

バラ

五角形を描きます。下の線を長めに描くのがポイント。

花びらになる線を描き足します。

茎と葉っぱを描いて完成。

チューリップ

ポイントは長めの葉を左右対称に描くこと。

草花いろいろ

葉っぱや枝など、シンプルな草花もかわいい！

万年筆とインク

万年筆で描くなら欠かせないモチーフ。

インク瓶

瓶の形いろいろ。インクの量を変えたり、中を塗ったりして自由にアレンジ。

万年筆と一緒に

万年筆と合わせて描けば、雰囲気ばっちり♪

＼空きスペースや地にぴったり／

模様いろいろ

マンスリー手帳の予定のないマスに模様を描いたり、薄い色を使って地にしたりなど、さまざまな使い方がある模様を描いてみましょう。

ドット

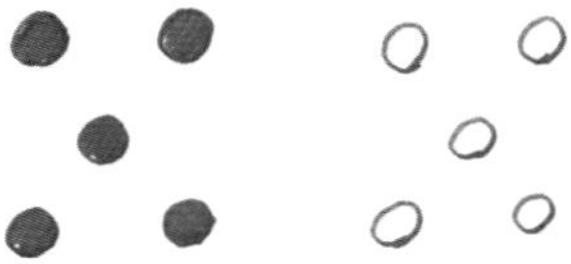

サイコロの5みたいな配置がおしゃれ。塗っても白抜きでもかわいい。

しましま

1本ずつ色を変えたり、2色で描いたりなど、アレンジいろいろ。

チェック

タテとヨコで色を変えて描いてもおしゃれ。

さんかく

上下いろいろ、ランダムに散らすとかわいい。

ぐるぐる

かんたんなのに応用が利くぐるぐるも模様として使ってみましょう。美しく整っていなくてもかわいい。

タテ線

タテにちょっと長い点線、というイメージ。2本目は1本目の空きに合わせて描く、を繰り返すのがコツ。

ぐにゃぐにゃ

雲みたいないびつな形がかわいい。いろいろな模様をつけて楽しもう。

＼ラインやデコレーションに／

罫線いろいろ

手帳やノートなど、いったん内容を区切りたいときや、カードなどにも使える罫線。大きさや間隔は大体そろっていればOK。手描きのざっくり感がかわいさのポイントです。

ドット→まっすぐな線を繰り返していくだけでかわいい罫線に。

なみなみを描いていきます。ちょっと大きさが合わなくなっても気にしない。

ぐるぐるは罫線にもぴったり。ずーっとぐるぐるしていると乱れてくることもありますが、気にしない！

点と花を交互に描いていきます。間の葉の数を増やせば少し違った雰囲気に。

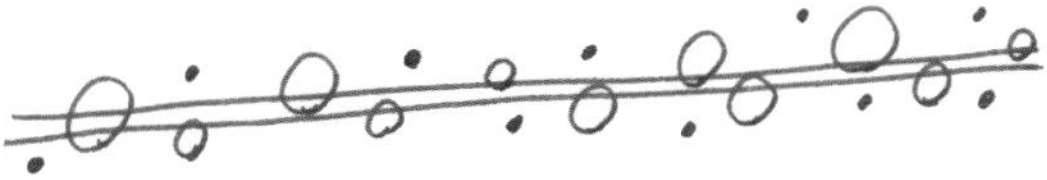

2本のヨコ線に水玉をランダムに乗せていきます。ヨコ線を基準にすれば、水玉を配置しやすいです。

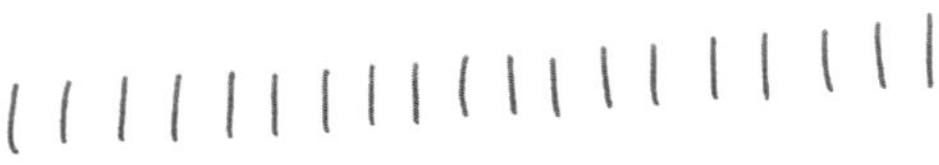

短い縦線を同じくらいの間隔で並べていくシンプルな罫線。

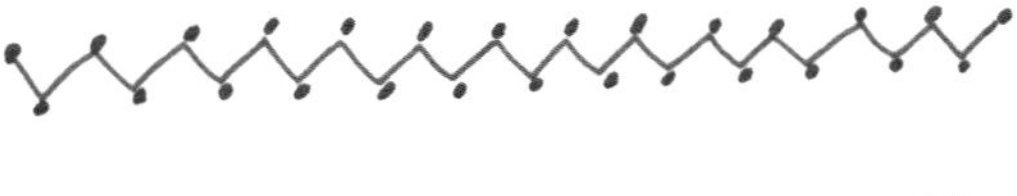

ジグザグ線を描いてから、頂点にドットを描いていきます。

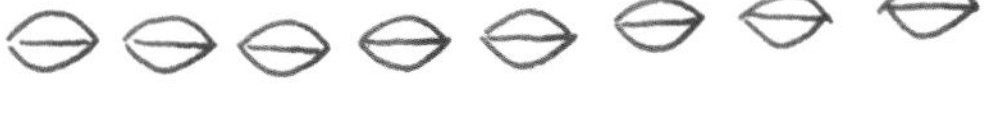

横向きの葉っぱをずらりと並べていくとできあがり。

ちょうちょ→お花→枝の順番で描いていく、キュートな罫線。

方眼用紙で描けばラクチン

ワク枠講座

手帳やノート、カードなどに文字を入れるなら、枠線の中に入れたらもっとかわいい！　方眼マスを目安にして描けば、大きさのバランスも調整でき、フリーハンドでもきれいに描けます。

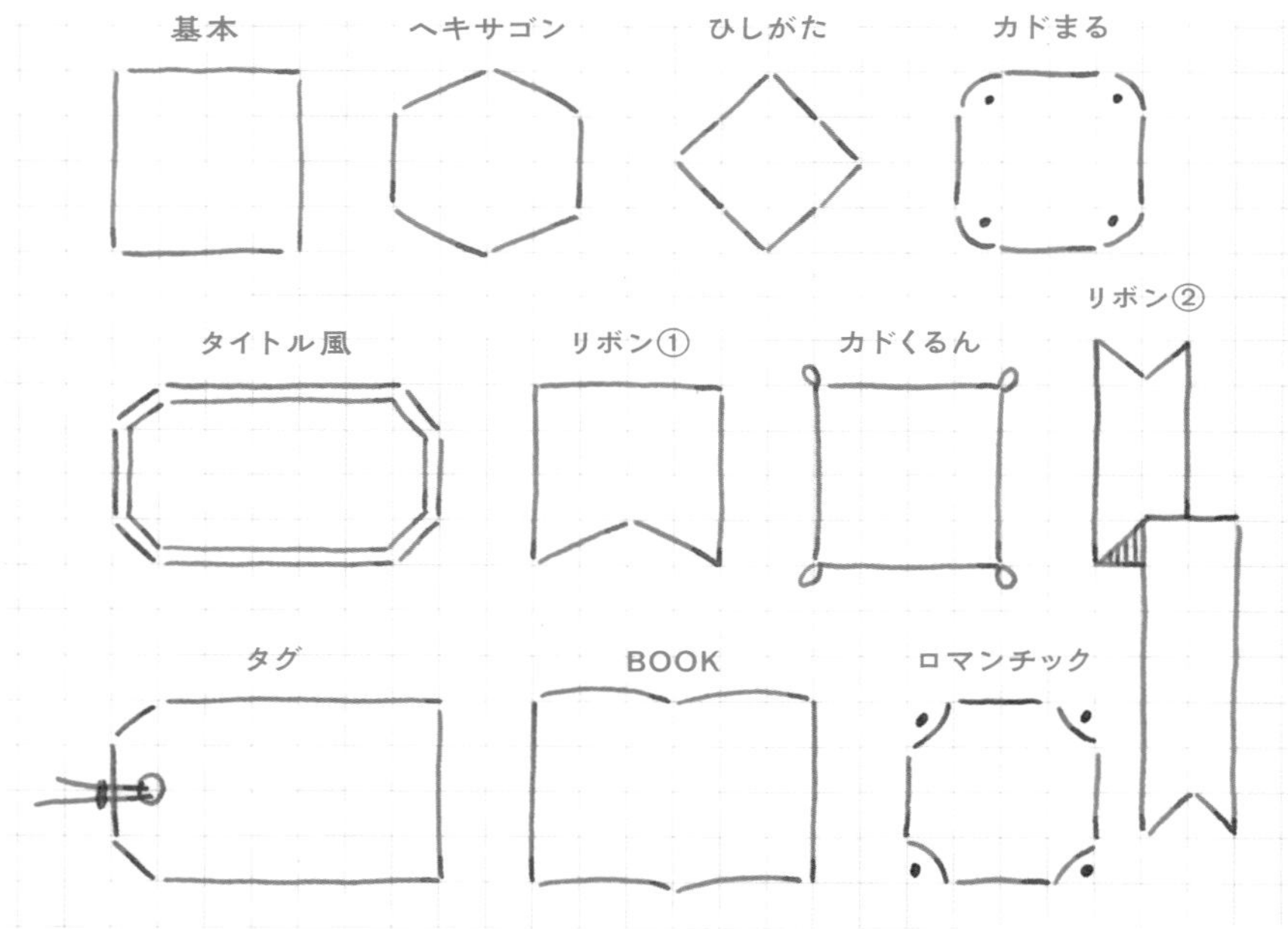
基本
ヘキサゴン
ひしがた
カドまる
タイトル風
リボン①
カドくるん
リボン②
タグ
BOOK
ロマンチック

まずはかんたんな形の枠線から描いてみましょう。たとえば基本の□も、一気に描くのではなく、1本1本線を区切って描いたほうがインクだまりができてかわいい。

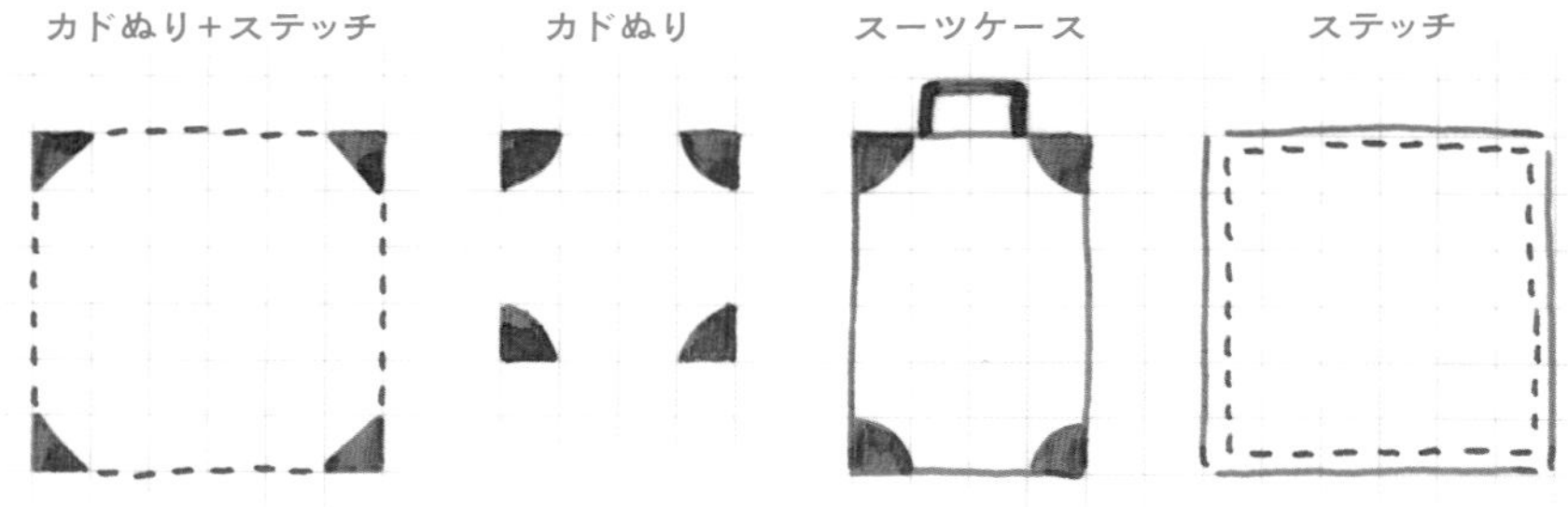
カドぬり＋ステッチ
カドぬり
スーツケース
ステッチ

4つカドを塗ったり、点線でステッチを入れたり、少し工夫するだけでおしゃれになります。

リボンテープ

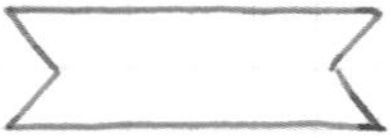

テープやリボンはそのままカコミにしてもいいし、シンプルなカコミのアクセントにしても。

リボンフラッグ

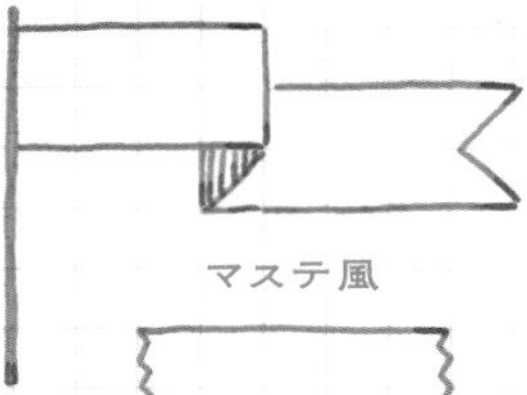

マステ風

テープ①

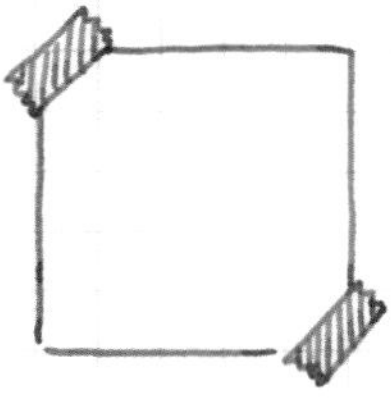

テープ②

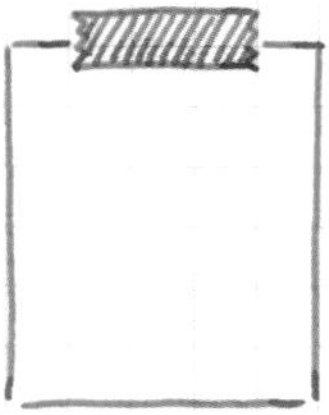

カドまるアレンジ

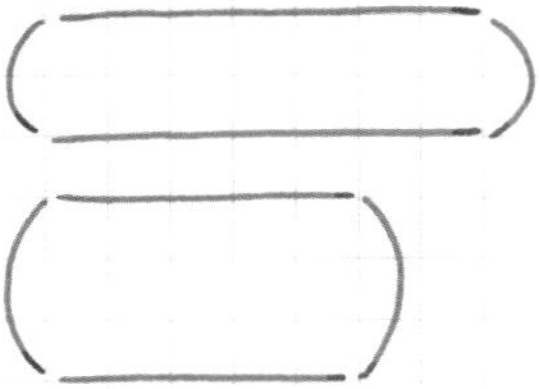

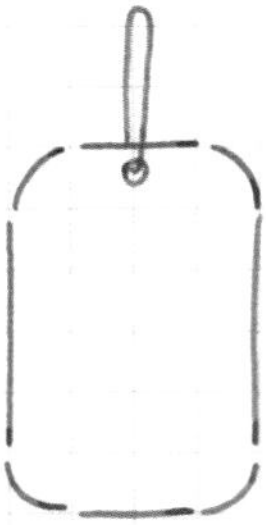

上下に横線を書いてから、左右の丸みをプラスすれば、バランスのよいカドまるの枠線に。

描き方は63ページと同じ。大きめに描けば枠線に。

スケッチブック

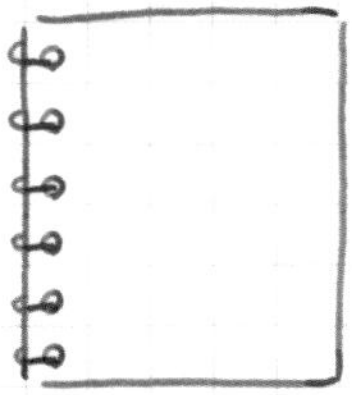

バインダー

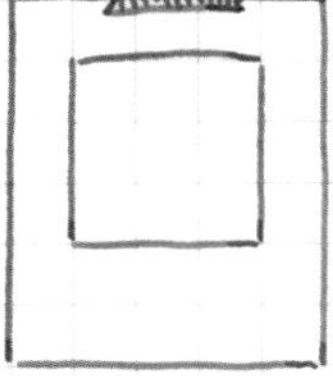

額縁

文字を入れても、イラストを入れてもかわいい枠線。

食パン

パン型もカドまる枠線の応用で描けます。

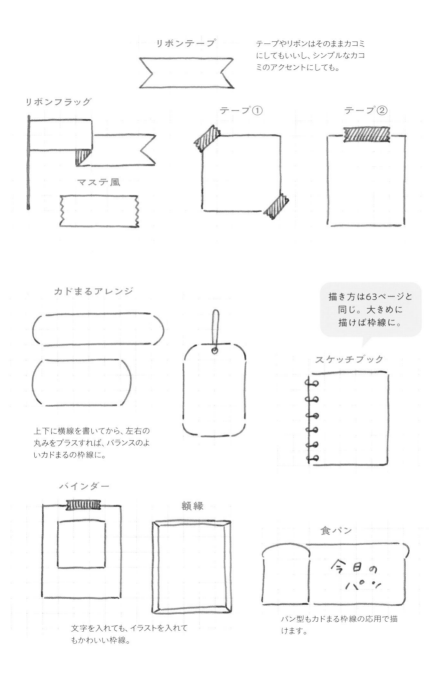

\ バラエティ豊かな /

タイトル＆日付①

タイトルや日付を入れるのにぴったりのおしゃれな枠線をいろいろ紹介します。色分けや模様で自由にアレンジしてみて。

ラインのカコミいろいろ

上下や左右にラインを入れるだけなので、手軽に描けて抜け感もあり！

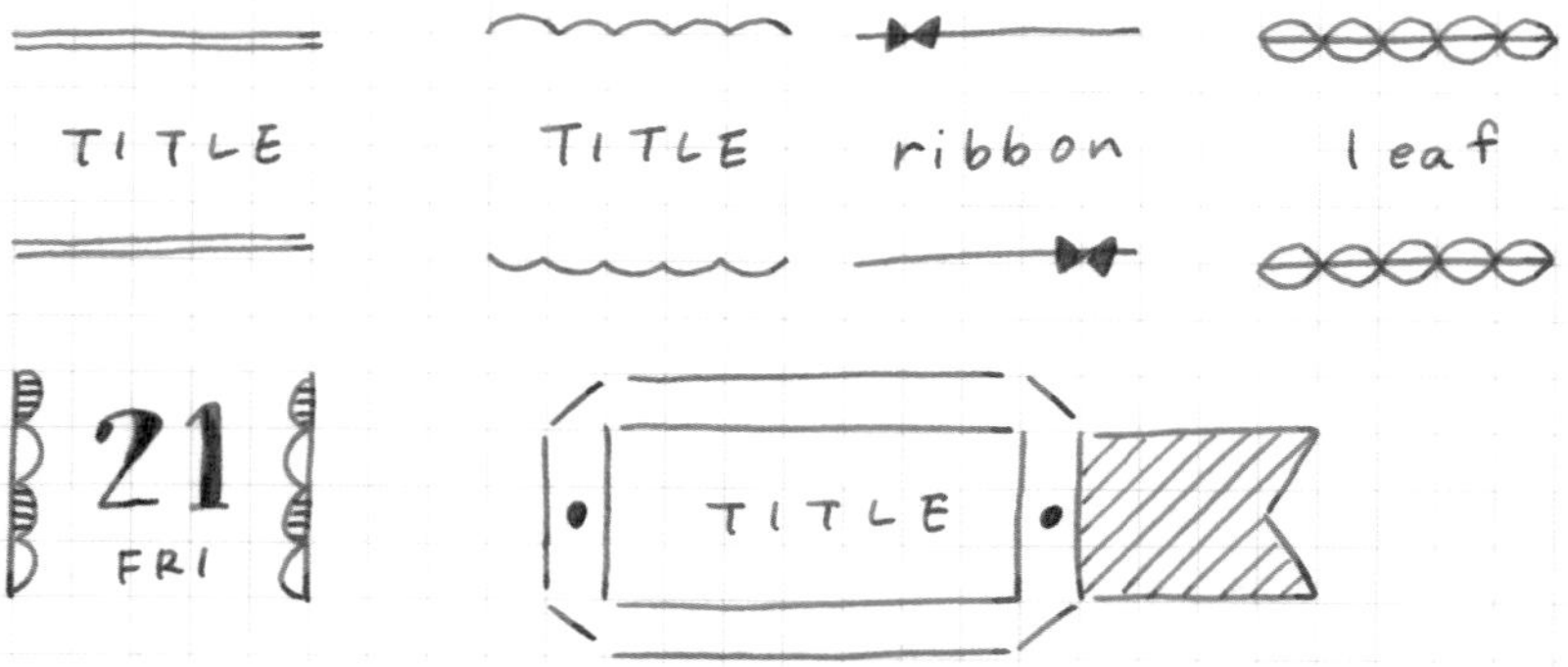

ギフトシール風いろいろ

シンプルな形のカコミにワンポイント。リボンの形や模様、色などでアレンジできます。

花の輪

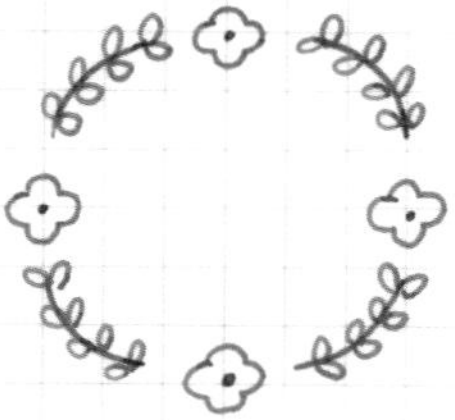

上下左右に花を描いて、丸になるよう間を枝で繋ぎます。

ヨコ長ヘキサゴン

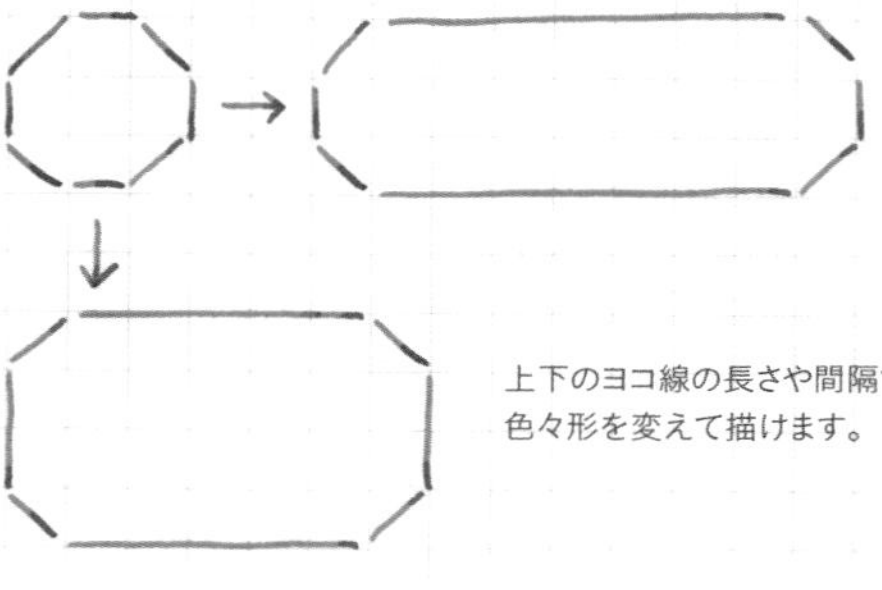

上下のヨコ線の長さや間隔で色々形を変えて描けます。

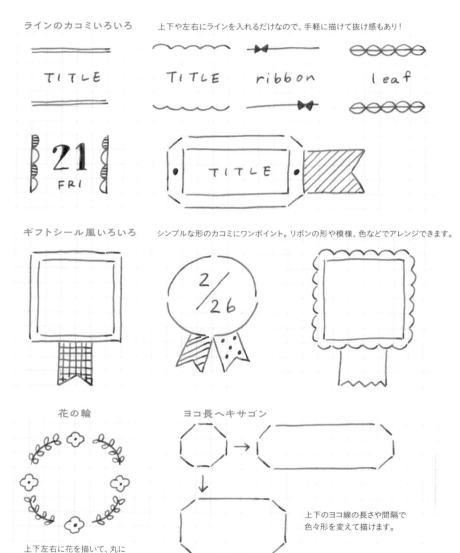

＼まだまだあるよ／

タイトル＆日付②

手帳やノートにぴったり。イラストと同じくらい映える、かわいい枠線がまだまだいっぱい。

Café看板

プラカード

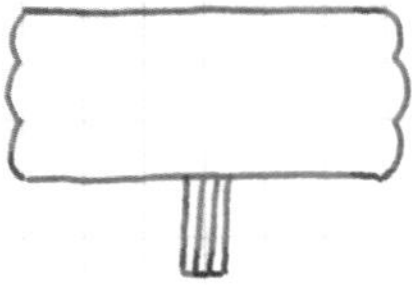

カップ

長いフラッグ

プレゼント

リーフ

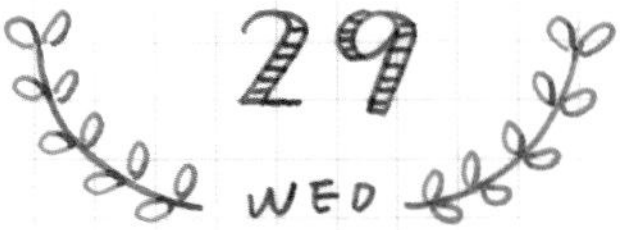

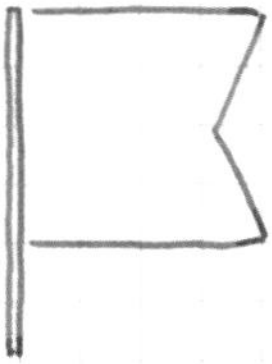

リボンフラッグ

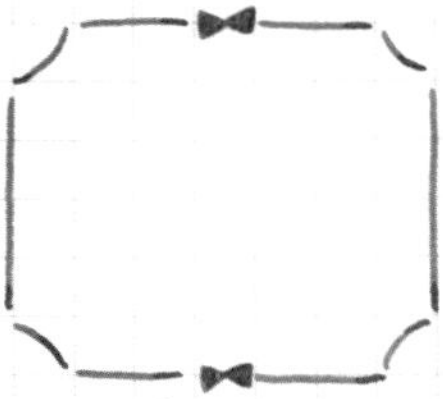

プチリボン

カップ、看板、プレゼントなど、かんたんなモチーフに、文字を入れて描くだけで華やかに！

リボンの旗

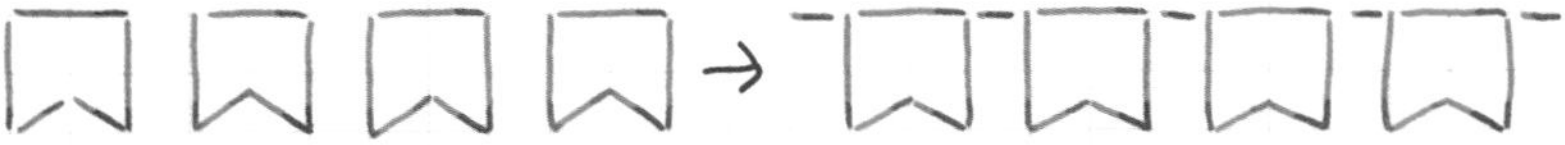

文字や模様、数字を入れてもかわいい。

フラッグ①

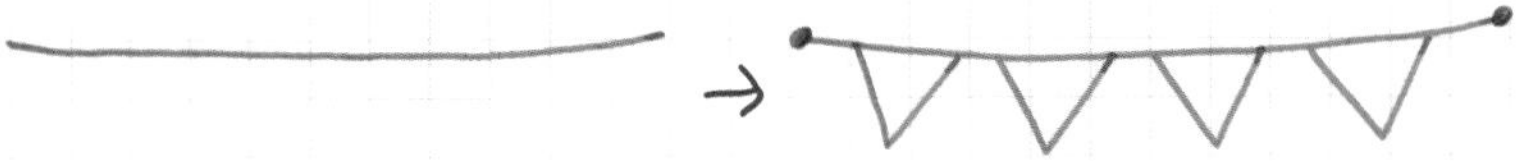

①1本横線を描く。

②ちょっと間隔を空けて△を描き、両端にドットを描く。

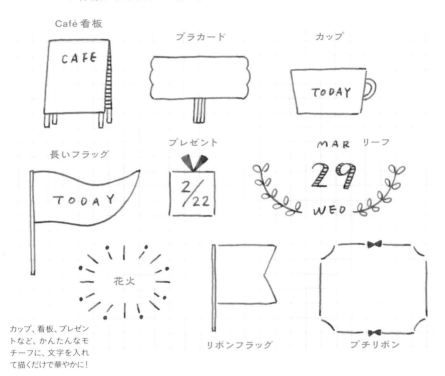

＼カラーマーカーでちょい足し／

2色の枠線

万年筆で描いたカコミにマーカーでカラーをちょい足しすると、とってもかわいい。手帳やふせんなど、さっと描きたいときにはマーカーを使うと、にじみの心配もなく手軽です。

枝のカコミ

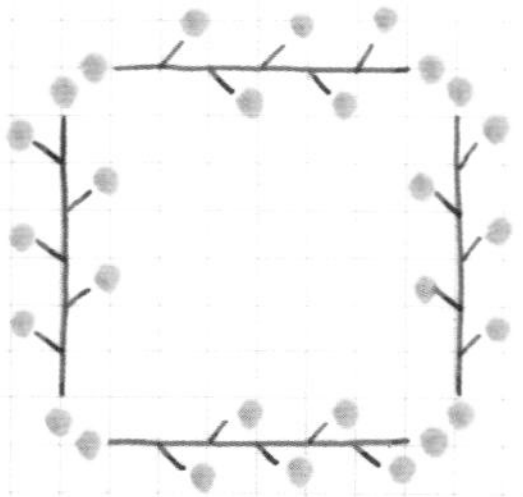

カドにスペースを開けて、左右交互に枝をちょんちょん描いたら、枝の先とカドにミモザの花を咲かせて。

カドにマーカー

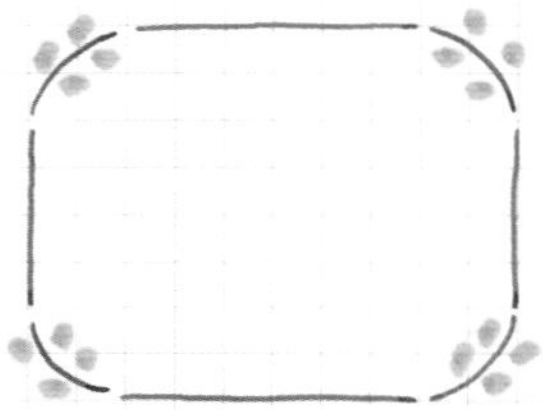

カドにスペースを作ることを意識して、上下にヨコ線、左右にタテ線を描いてから、カドに丸く枝を描きます。

カドまる日付

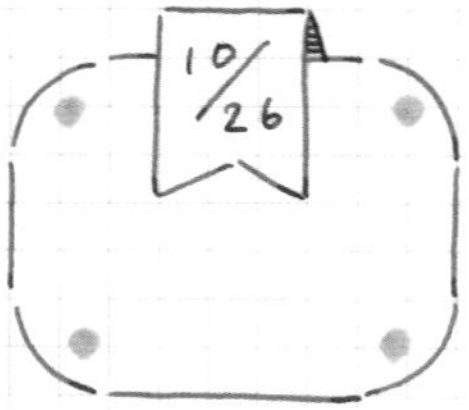

カドまるの枠線にリボンと、マーカーでドットをプラスしたアレンジ。

ローズリース

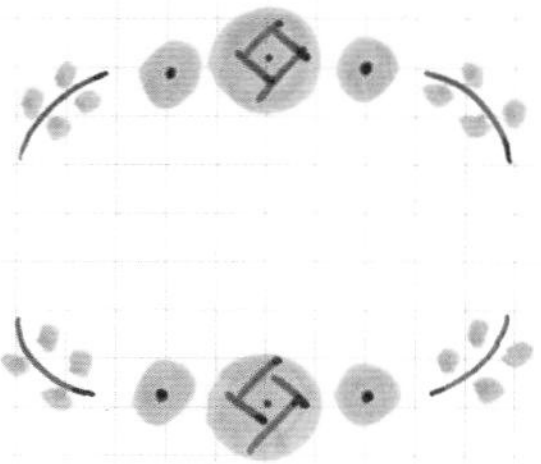

まず、マーカーで上下にローズの花とつぼみになる丸を描いてから、左右の枝と花の中身を描きましょう。

ローズリース

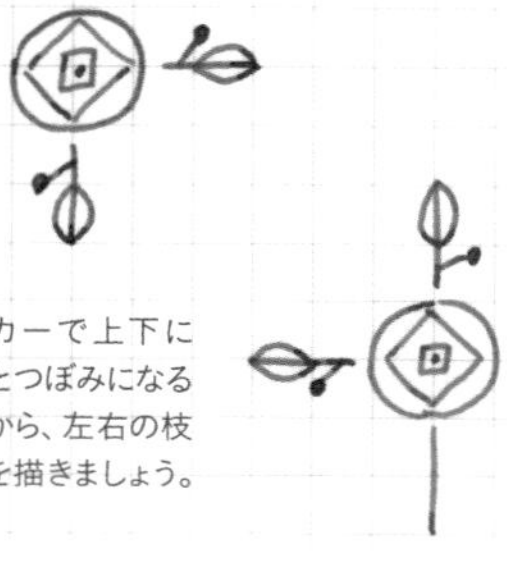

まず、マーカーで上下にローズの花とつぼみになる丸を描いてから、左右の枝と花の中身を描きましょう。

カドにローズ

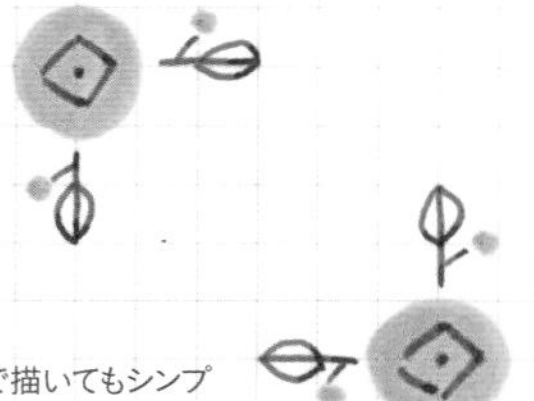

万年筆のみで描いてもシンプルでかわいい。花のところだけマーカーで描くのもすてき。

フラッグ②

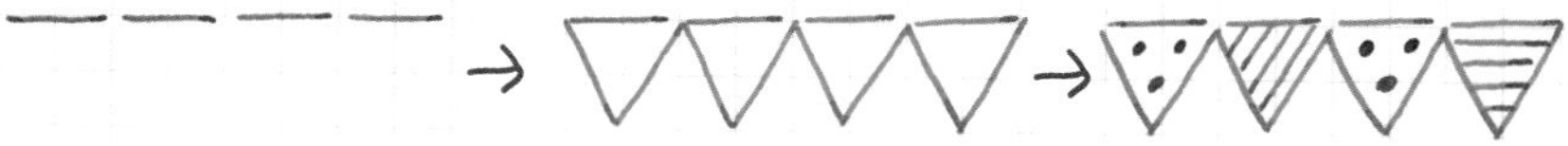

①方眼の目に合わせてヨコ線を4本描く。

②横線の長さに合わせてギザギザを4つ描いていく。

③ドットや線など、自由に柄を入れましょう。

段々の□《シカク》

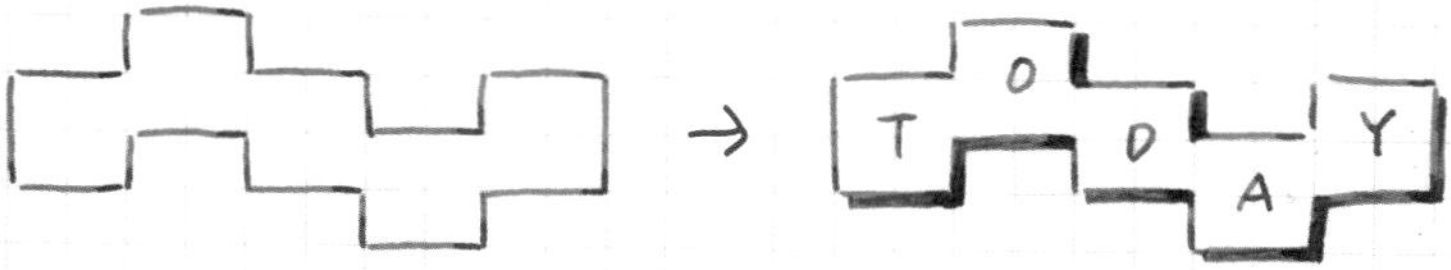

①文字の数に合わせ、1センチの四角が段々になるように、方眼に沿って外枠を描きます。

中に文字を書いて、右下方向に影をつけたら完成。

イラストは方眼用紙で描くとかんたん♪

イラストを白い紙に描くのは難しいですが、方眼マスを基準に描けばバランスよく描けます。「イラストをもっと上手に描けたらなぁ」と思っているひとは、方眼用紙で練習してみてくださいね。

クリームソーダ

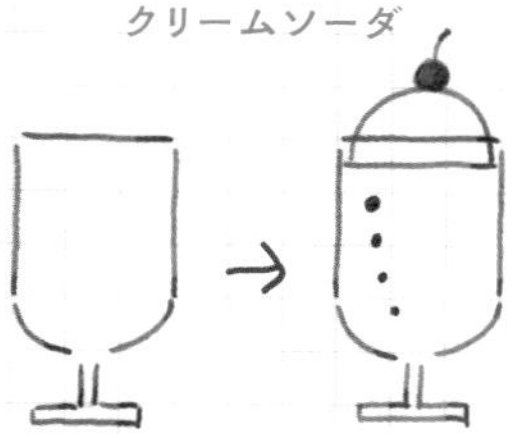

①カップは上のしかくい部分から描いて、最後に足を描きます。

②アイスとチェリー、水泡を描いて完成！

カップ

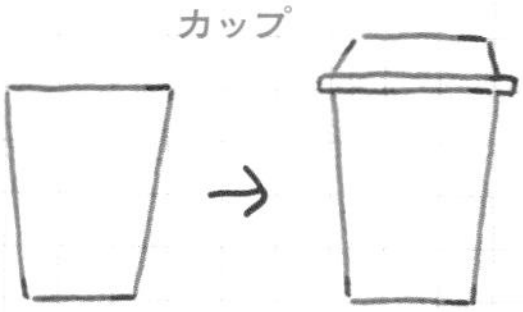

①台形を描くときは、上をちょっと長めに、下の線を短めに描いてから、左右の線を描きましょう。

②カップのフタの部分を描いてできあがり。

クマ

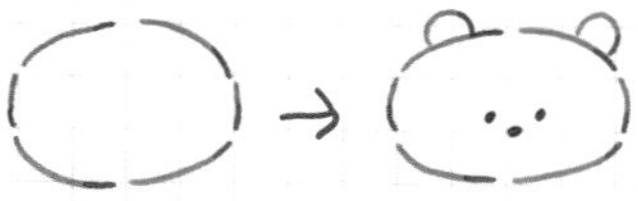

①左右に方眼1つ分の縦線を描いて、上下の真ん中に曲線を描くときれいな楕円に。

②耳と目鼻を描いて完成です。

モミの木

①頂点のカサを描いてから、左右に方眼ひとつ分の斜め線を描いていきます。

②枝の下の部分と幹を描いてできあがり。

PART 3

めくるめく インクの世界

万年筆を使いたくなるきっかけのひとつに、
「インク」の存在があるはず。
インクにもいろいろ種類がありますが、
それぞれの細かい違いや、私のオススメのインク、
色ごとの使い分け、扱いの注意点などを
詳しく紹介していきます。

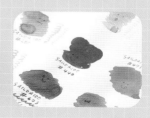

◉インク沼にハマる前に知っておこう

インクのきほん

万年筆を使ってみたいと思ったきっかけが「万年筆のインクを使ってみたかったから」という人は多いのではないでしょうか。

実は私もそのひとり。パイロットの「色彩雫」が発売されたとき、素敵なボトルに入ったかわいい色のインクを見て、「使ってみたい！」と思ったのがきっかけです。インクの沼はとっても深いので、どっぷりハマる前に、インクについて詳しく知っていきましょう。

万年筆に入れる前に知っておきたいのが、インクの種類について。インクの種類は大きく分けて3種類あり、染料インクと顔料インク、古典インクがあります。それぞれの特徴を詳しく紹介します。

市販のインクは主にこの3種類

カラーが多彩で使いやすい

染料インク

- カラーがたくさんある
- サラサラして詰まりにくい
- 水に弱く、色褪せしやすい

気軽に手に入るインクのほとんどは、染料インクであることが多いです。水に溶ける性質をもっていて、万年筆の中で固まりにくく、初心者にオススメです。普段の書きものや、水筆などでも使いやすいので、イラストなどにも使えます。弱点は、乾いてからも水に弱く、光による色あせが起こりやすいことです。

耐水性・耐光性がある

顔料インク

- 乾いたら、水に強く耐光性がある
- 裏抜けしにくい
- インクが固まりやすい

水に溶けにくい顔料を使ったインク。乾けば水に強く色あせにくいので、封筒の宛名書きや、手紙、日記、大事な書類などに向いています。ただ、顔料インクは染料インクに比べて、インクが固まりやすいので、万年筆に入れたらこまめに使う必要があります。入れたまま放置しておくと、洗っても取れにくくなるので、万年筆に慣れてからの使用がオススメ。

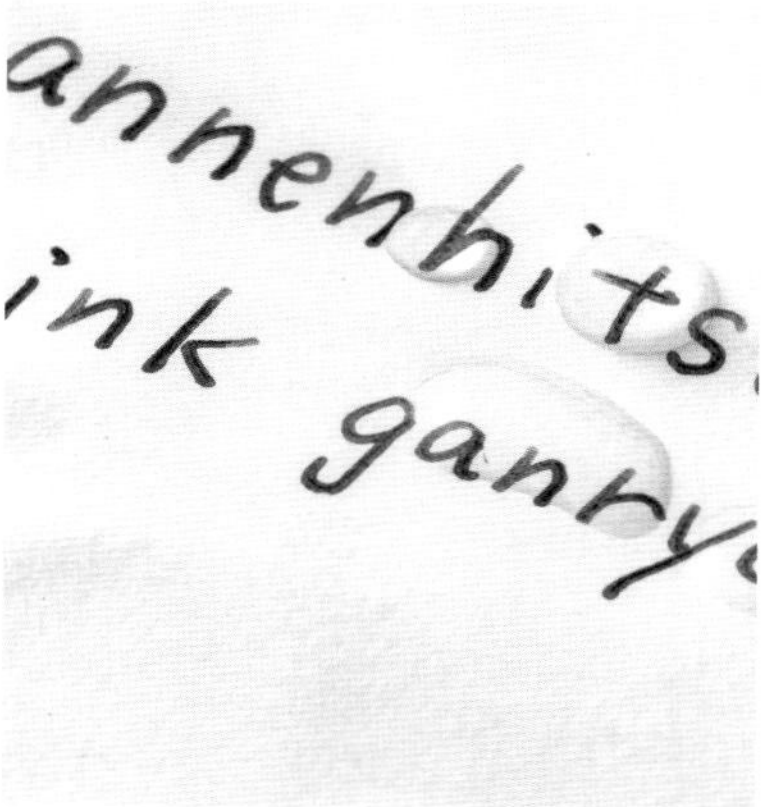

【ATTENTION!】

人気の「ラメインク」は万年筆には不向き

キラキラのラメが入ったインクが最近人気で、文具店やイベントなどでもよく売っています。基本は水性染料インクですが、中にラメ粒子がたっぷりと入っているので、万年筆に入れるとペン先やペン芯の内部にラメの粒子が詰まってしまうことがあります。ラメインクを使うなら、ガラスペンやつけペン、水筆などで使うのが安心です。

昔ながらの製法で作られた

古典インク（没食《もっしょく》子《し》インク）

顔料インクが登場する前に、耐水性・耐光性のあるインクとして開発されたのが、ブルーブラックインクです。筆記するとき、インク内の鉄分が空気に触れることで化学変化を起こし、紙に定着します。染料の青が化学変化で乾くと黒に近い色に変化します。最近は、この昔ながらの製法で作られたブルーブラックインクは少なくなっています。古典インクは酸性なので、スチールやステンレスのペン先の万年筆で使うと錆の原因になってしまうことも。使用には注意が必要なので、万年筆に十分慣れてから試してみましょう。

●どっちがいいの？ カートリッジインクとボトルインク

カートリッジインク

使い切りサイズで手軽に使えます。お気に入りの色のインクに、カートリッジがあったらラッキーと思っちゃいます。

次は、インクの形式の話です。万年筆インクには主にカートリッジインク、ボトルインクがあります（インクの入れ方については18ページからを参照）。カートリッジインクは、万年筆を購入すると、付属して1本付いてくることが多いです。よいところは、とにかく手軽なこと。挿すだけで使えるのでとってもラクチンです。黒、ブルー、ブルーブラックなど、よく使う色にオススメ。

ボトルインクは、とにかく色の種類が豊富。インクの量もたっぷり入っていて、遠慮なく使えます。万年筆に入れるときは、別売りのコンバーターが必要なので、注意しましょう。

【ATTENTION!】

ボトルインクを使う前に知っておきたいのが、万年筆のメーカー保証について。国内の有名メーカーでは、万年筆とインクは同じメーカーのものを使うことが推奨されていて、違うメーカーのインクを入れた万年筆はメーカー保証の対象外になってしまうことが多いです。万年筆に好きなボトルインクを入れるときは、念頭に入れておいてください。

ボトルインク

とにかくバリエーションが豊富で、似た色でも次々と欲しくなっちゃいます。インク瓶のデザインにもときめきますね。

ボトルインク		カートリッジインク
ちょっと面倒	インクの入れ方	とってもかんたん！
たっぷり（15〜50mℓ）	インクの量	使い切れる量
大容量なので高め	価格	安め
カラーバリエーションが豊富で、ボトルのデザインもいろいろ。一般的な万年筆でボトルインクを使うにはコンバーターが必要だったり、手が汚れたりと少し面倒な点もあります。	特徴	インクを入れてから使うのがかんたんなのが最大のメリット。使い切りサイズで、価格も安めなので、よく使う色や、ちょっと使ってみたい色にチャレンジするときなどにもオススメ。

ink
PILOT
INK
ink
Blue
PILOT

◉楽しいインクの色選び

この色にぴったりの使い方

万年筆で何かを書こうと思ったとき、「何色のインクを使おうかな？」と悩む時間も楽しいもの。私は手帳、日記、ノートなど、基本的に自分が見返すだけの書きものは、茶色やグレー、青緑など、自分の好きな色で書いています。

ただ、マナーを守って書きたいもの、たとえば目上の人へのお手紙、公文書などは、黒、ブルーブラックなどの定番色を使うと安心です。

手紙を書くときに使うインクの色で注意したいのが赤色のインク。昔から縁起の悪い色といわれていて、手紙には使うのは実はNGなんです。ほかにも緑は決別を表す色、グレーは薄墨（喪）を連想させるということで、お手紙に適さないといわれています。

ちょっとしたメモのやり取りでは気にしなくていいと思いますが、目上の人へお手紙を書くときなどは注意してください。

【ATTENTION!】

お手紙にNGな色

赤→縁起が悪い
緑→決別を表す
グレー→薄墨をイメージさせる

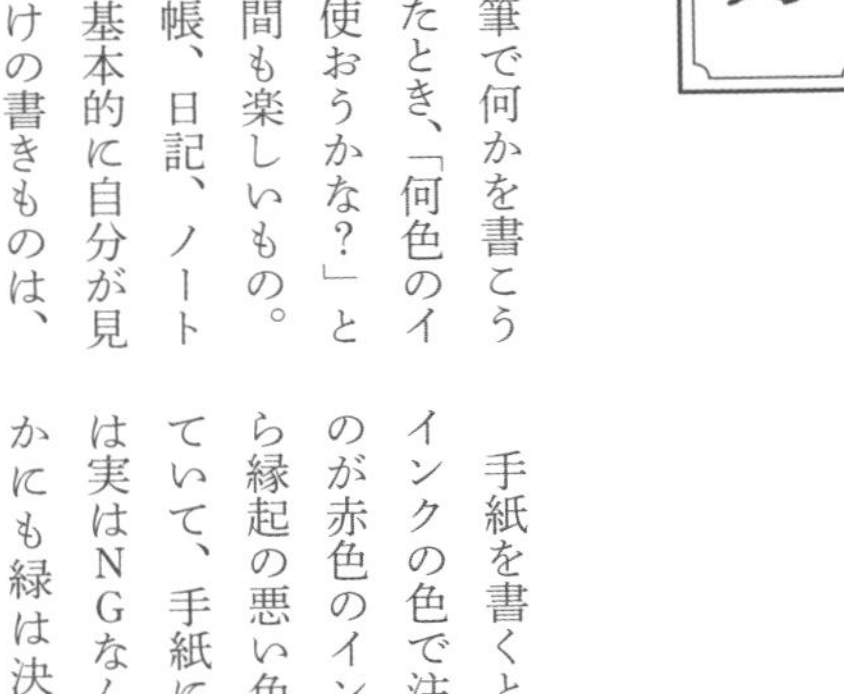
自分で書いて楽しむ
手帳や日記は
好きな色を
使ってOK!

カラーインクは幅広く使える

万年筆にハマるきっかけがカラーインクだったので、今でも普段使いは断然カラーインクです。文字からイラストまで、あらゆるモノをカラーインクで書いています。

文字が読みやすい濃さのカラーインクは、友達へのお手紙やメッセージカード、ギフトに添えるカードにもぴったり。使う紙の色や、柄などと相性のよい色を選ぶとかわいいですよ。

カラーインクには、文字を書いてみたけれど読みにくい、可読性の低いインクも存在しています。そういうインクは、背景色として塗ってみたり、イラストの着色に使ったり。デザインとして文字を入れたいとき、レタリングに使ってもおしゃれです。

濃い色（文字が読める）

文字を書いたり、イラストの主線に最適。

薄い色（文字が読みにくい）

背景や模様、イラストの着色にぴったり。

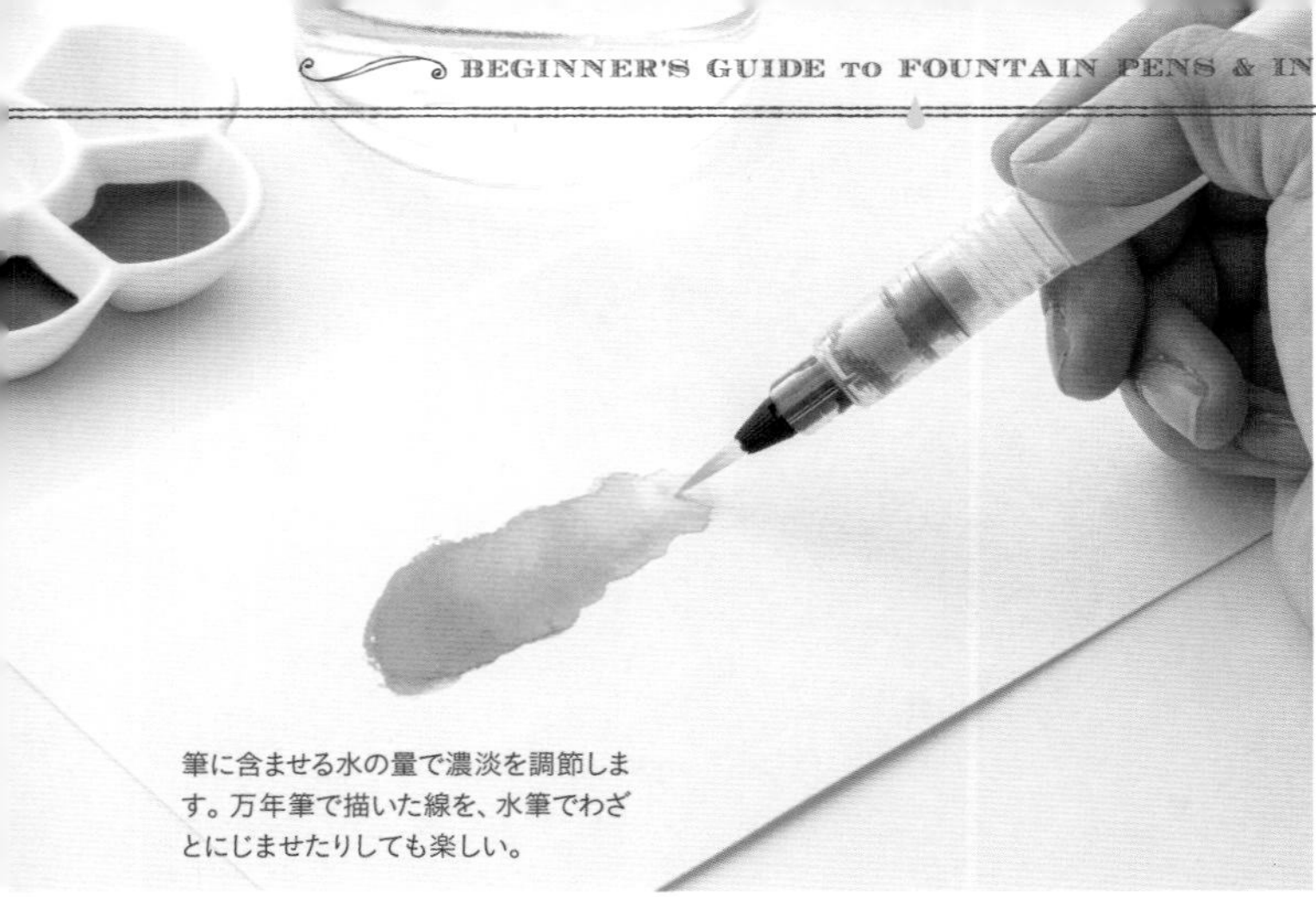

筆に含ませる水の量で濃淡を調節します。万年筆で描いた線を、水筆でわざとにじませたりしても楽しい。

◉インクは濃淡が楽しい 1色でいっぱい遊ぼう

インクは万年筆に入れて使うだけでなく、絵具のように筆で使うこともできます。水性染料のインクは水に溶けやすいので、水と混ぜることで濃淡をつけることが可能。1色のインクで、線から色塗りまでこなせちゃうので、お絵描きが大好きな人にはもってこいの画材です。インクを使ったお絵描きはPart1でもいろいろ紹介しているので、ぜひ試してみてください。

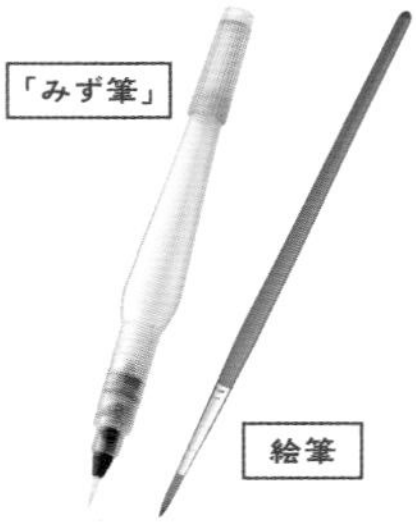

インクの濃淡を楽しみたいときは、万年筆はもちろん、水筆や絵筆も楽しい。

1色の濃淡で イラストを描いてみよう

水の量を多めにすれば薄く、少なめにすれば濃く描けます。筆で遊ぶときに使う紙は、しっかりインクを吸う水彩用紙や画用紙がオススメ。1色でどこまで色の表現ができるのか、ぜひ試してみてください。一部分の色が変化したりするインクもあり、文字を書いていただけではわからなかったインクの魅力が見えてくることも。

多い ← 水の量 → 少ない

水の量を調節しながら濃淡をつけて描いてみましょう。

お家

しずく

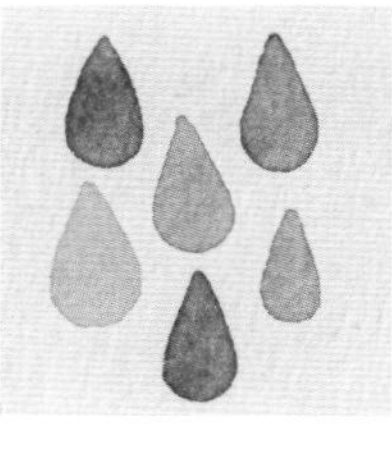

リボン

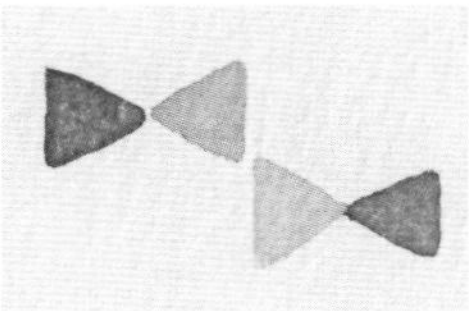

1色の濃淡で描いたイラストいろいろ。お気に入りのインクで描いてみてください。

お絵描きが楽しくなる インク遊びセット

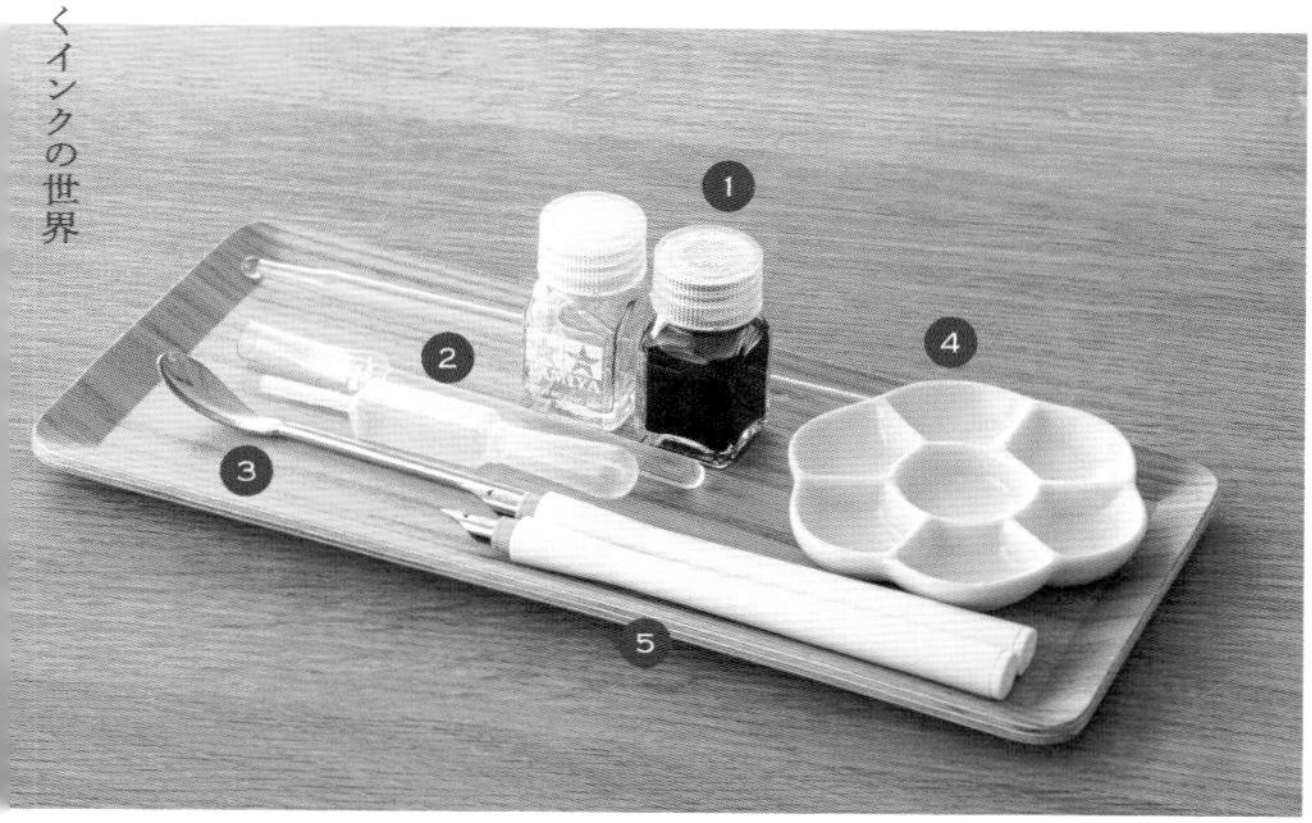

インク遊びセットは トレイにひとまとめ

木製のペントレイの上にインク遊びに使うモノをひとまとめにしておくと、気が向いたときにすぐ手を伸ばせるので、お絵描きの機会も増えるはず。見た目にもかわいいので、ぜひ作って机に置いてみてください。

1 TAMIYA のインク瓶

プラモデル売り場などで手に入るTAMIYAのインク瓶は小分け用にぴったり。約100円と手頃なのも嬉しい。

5 ペン

つけペン、ガラスペン、水筆など、インクをつけてすぐ書けるペンを1〜2本置いておくとすぐに使えます。

4 菊皿

インク用のパレットとして愛用しています。机の上に置いておくのにぴったりの大きさ。

3 スプーン

少量のインクを菊皿やパレットに取り分けるときに使います。

2 スポイト

インクを移すときに使います。習字コーナーなどで手に入ります。

小瓶に分けると 気兼ねなく遊べる

Part 1で紹介したように、いろいろなインクを一度に使うので、あらかじめよく使うインクは小瓶に分けています。取り分けたインクなら、水筆をつけたり、ちょんづけしたりして、水やインクが少し混ざっても気にせず使うことができます。

少量ならスプーンで 菊皿に分けて使う

複数のインクを同時に使いたいときは、少量を菊皿にスプーンで取り分けるのが便利。スポイトだと、ほかのインクを入れるとき洗わなければいけないですが、スプーンならティッシュでさっと拭くだけできれいになります。スプーンタイプのマドラーなら、インク瓶の口にも大体入るのでオススメです。何よりかわいい！

◉作って便利、見て満足

インク帳を作ってみよう

新しいインクを試し書きするのは、何よりときめく瞬間です。最初に何を書こうかな、と悩んだときは、インク帳を作るのがオススメ。

インクの数が増えてくると、どんな色を持っているかぱっと思い浮かばないときがあります。インク帳を作っておけば、時々見返して、「こんな色あったな」と思い出すことができます。

インク帳に書き入れる内容は、自由で大丈夫。とにかくインク名と色がわかればよいという人は、シンプルに色玉と名前をメモするだけでOK。販売店など、リピート買いするときに役立つ情報を入れておいても便利です。毎回、同じように書くと、かわいいインク帳に仕上がります。

インク帳の作り方

❶どんなノートを使うか決める

オススメはルーズリーフやシステム手帳。自由にリフィルを増やせるので、インクが増えても安心。これはステッチリーフさんで作ったバインダーとミニリーフで作ったインク帳。

❷何を書くか決める

インク帳はルールを決めて書くとかわいく仕上がります。文字を書くときは、インクをちょっと付けてすぐに書けるガラスペンがオススメ。大きめに色玉を入れるなら、水筆が便利です。インクに水が混ざらないよう、パレットなどにインクを取ってから描きましょう。

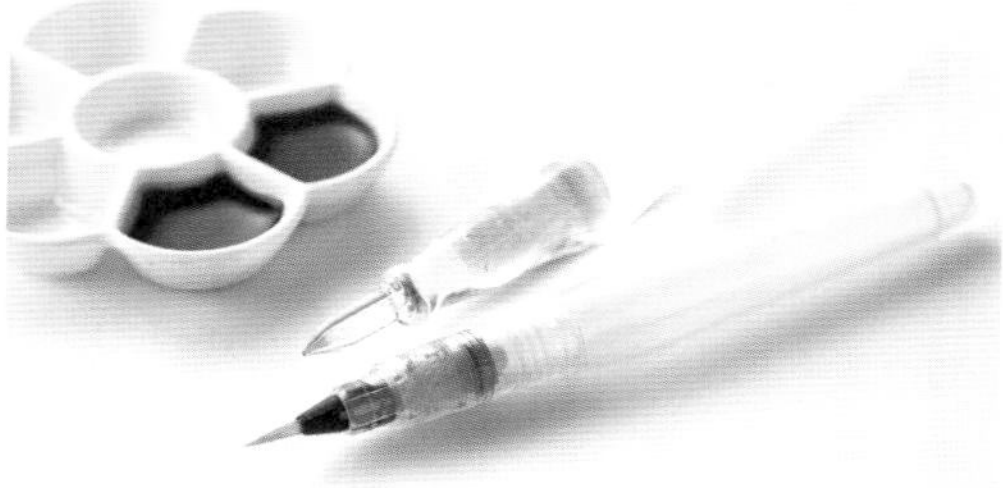

私のインク帳

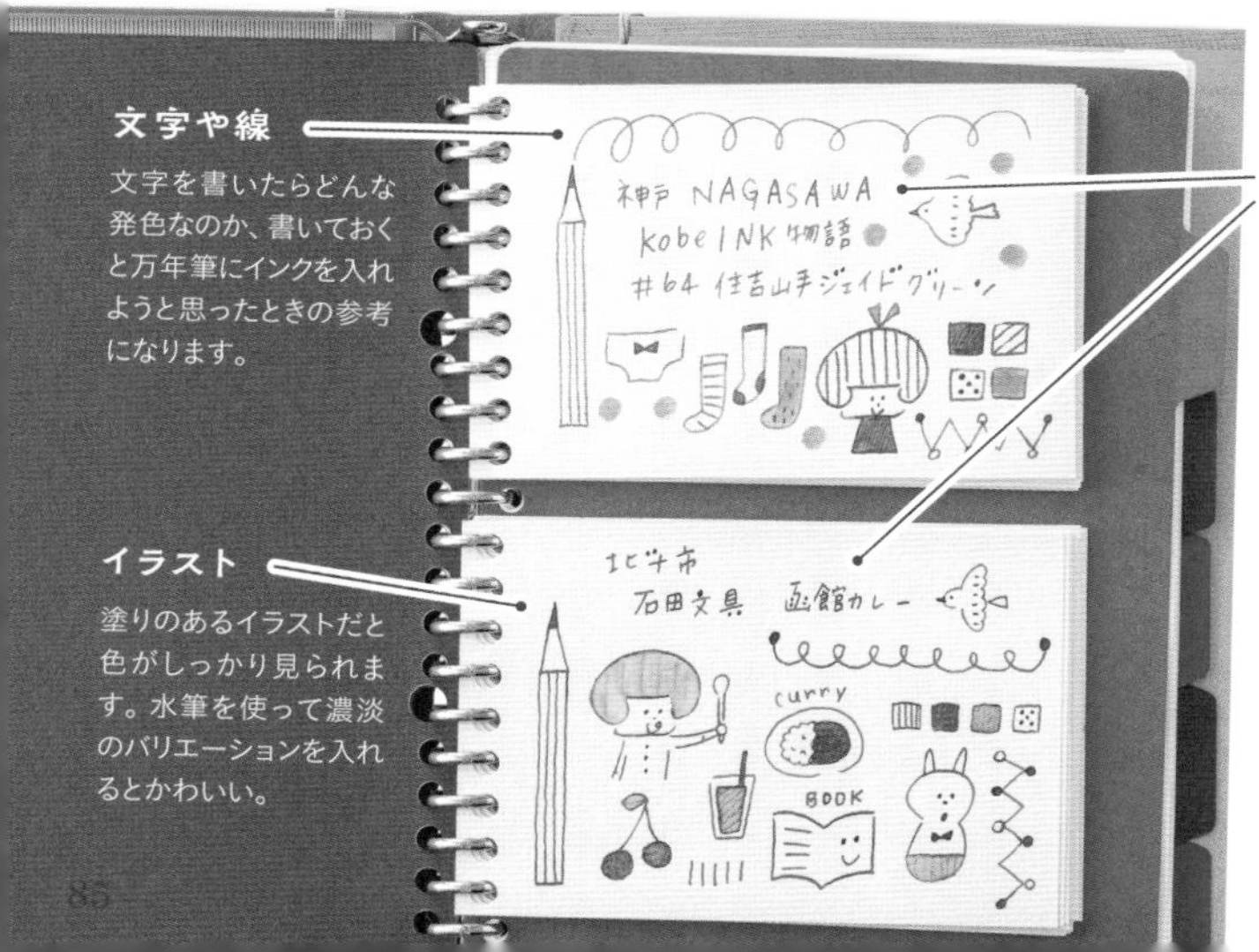

文字や線

文字を書いたらどんな発色なのか、書いておくと万年筆にインクを入れようと思ったときの参考になります。

イラスト

塗りのあるイラストだと色がしっかり見られます。水筆を使って濃淡のバリエーションを入れるとかわいい。

インクのメーカー・文具店などとインクの名前

●無限に広がる色の世界へ
インク選びの楽しみ

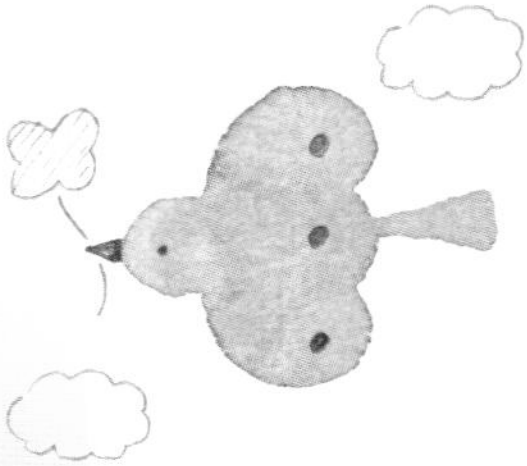

万年筆インクには、一度ハマると抜け出せない魔力があります。「もういろいろ持ってるし……」と思っていても、すぐに新しい色に出会う瞬間がやってきます。ボトルや色見本だけを見て「同じような色かな?」と感じても、書いてみると微妙に色合いが違ったりするので、ときめく色は全部手に取ってみたくなってしまいます。また、お気に入りの色は、おかわり用を必ずストックしてしまうので、インクの数はどんどん膨大に。専用のチェストをオーダーメイドで作ってしまったほどです。

国内メーカーのインクは、定番からコンセプトが面白いモノまで、幅広く使っています。また、全国各地の文具店さんが作っているオリジナルインクも面白くて大好き。最近は、オンラ

**mizutamaさんの
インクコレクションは
この中にたっぷり♪**

インクが増えすぎて収納に困った結果、思い切って作ってしまったオーダーメイドのインク専用棚。引き出しの高さがちょうどいいので、たっぷり収納できます。パッケージも含めて好きなので、箱ごと入れています。空いている引き出しもあるので、まだまだインクのコレクションは増えそうです。

インショップも充実していて、文房具系のイベントが行われることも多く、ご当地インクや限定インクなどを購入できる機会も増えました。でも、やはりその土地の文具店さんにうかがうのも旅の楽しみのひとつです。

好きな色味のインクを集めてみたり、カラフルなものに挑戦したりと、自分だけのときめきを求めて、インク選びを満喫してみましょう。

INK SELECTION CASE1

ブラック、ブルー、ブルーブラック 揃えて安心 定番色インク

万年筆の基本の3色といわれるのが、ブラック、ブルー、ブルーブラックです。何を書くにも読みやすく、目上の人へのお手紙にも使える色です。最初に買うインクに迷ったら、購入した万年筆メーカーの定番色からスタートしてみてください。

基本の3色はコレ

2

万年筆用水性染料インク
#1ブラック　#3ブルーブラック
価格：各1,320円
／プラチナ万年筆
水性染料インク（#3のみ酸性）

ブラックは一般的な水性染料インクで、乾きが早く、滑らかな書き心地が魅力です。ブルーブラックは、国産唯一の古典インク。水性染料インクですが酸性なので、定期的にペン先をお手入れしながら使うと安心です。

1

インキ30ml
ブラック・ブルー
価格：各440円
／パイロット
水性染料インク

レトロ感のあるラベルがトレードマークのロングセラー商品。購入しやすい価格とちょうどよい容量、安定感のあるボトルデザインも魅力。初めての定番色にぴったりのインクです。

4

万年筆用顔料インク
極黒(きわぐろ)
価格:2,530円
/セーラー万年筆
超微粒子顔料インク

万年筆用カートリッジインク
極黒(きわぐろ)
価格:660円
/セーラー万年筆
超微粒子顔料

5

万年筆用ボトルインク
蒼墨(そうぼく)
価格:2,530円
/セーラー万年筆
超微粒子顔料インク

万年筆用カートリッジインク
蒼墨(そうぼく)
価格:660円
/セーラー万年筆
超微粒子顔料インク

「極黒(ブラック)」と「蒼墨(ブルーブラック)」は、セーラー万年筆独自の超微粒子顔料インクで、詰まりにくく、染料インクと同じくらい快適で使いやすいところが魅力です。水に強く、裏抜けもしにくいので、宛名書きやイラストにも最適です。それぞれ、ボトルインク(50ml)とカートリッジインクがあります。

3

万年筆用ボトルインク 50ml
ブラック、ブルーブラック
価格:各1,320円
/セーラー万年筆
水性染料インク

さらりとした書き心地なのににじみが少なく、使いやすくて人気が高いセーラー万年筆の定番インク。ブルーブラックは深みのある色味が魅力です。

INK SELECTION CASE2

いっぱい集めたくなる カラーインクの世界

「色ってこんなにいっぱいあるの？」びっくりしてしまうほど、万年筆インクのカラーは無限にあります。鮮やかだったり渋かったり、好みの色を見つけたときの喜びは言葉にできません。インク瓶に透けて見える色と、書いてみたときの印象が微妙に違ったりするのも面白い！ 書いてみないとわからないドキドキ感も楽しみのひとつです。

天色《あまいろ》

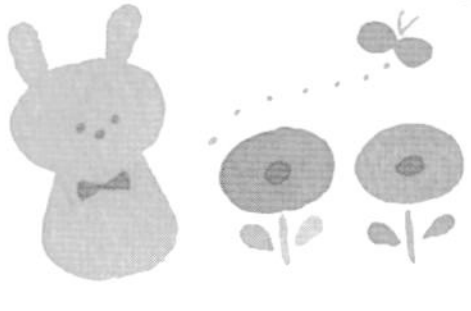

花筏《はないかだ》

竹林《ちくりん》

蛍火《ほたるび》

美しい色とボトルにときめく カラーインクブームの立役者

万年筆用インキ 色彩雫（iroshizuku）
価格：各1,650円
／パイロット　水性染料インク

私がインク沼にハマったきっかけのシリーズ。2007年に登場し、現在のインクブームのきっかけを作ったと言っても過言ではないカラーバリエーション豊富なシリーズで、常時24色をラインナップ。日本の美しい情景をイメージしたインク色とネーミング、そして、底のくぼみが独特なボトルも人気です。

カートリッジが全色揃う使いやすいカラーインク

季節のお手紙によく使っています。日本の自然が織りなす四季をテーマにした万年筆インクシリーズです。季節の彩りを思わせるカラーは全28色。すべてボトルインク、カートリッジインクをラインナップしているので、手軽に色をお試しできるのがうれしい。

SHIKIORI —四季織—　万年筆カートリッジインク
価格：各385円
／セーラー万年筆　水性染料インク

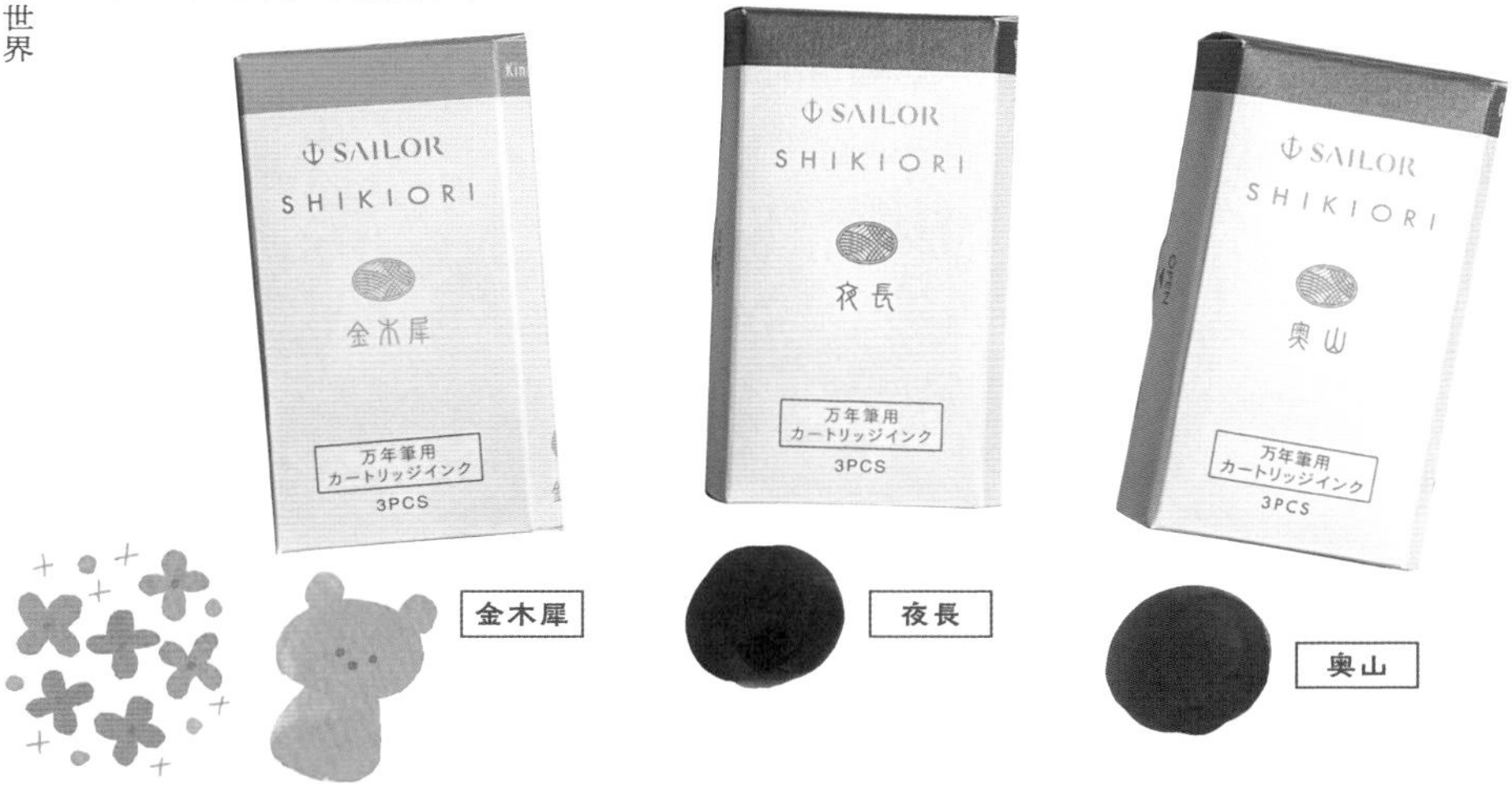
SAILOR
SHIKIORI
金木犀
万年筆用
カートリッジインク
3PCS
SAILOR
SHIKIORI
夜長
万年筆用
カートリッジインク
3PCS
SAILOR
SHIKIORI
奥山
万年筆用
カートリッジインク
3PCS
金木犀
夜長
奥山

色の変化が楽しめる渋いカラーの古典インク

書きはじめの鮮やかな色から、徐々に黒味を帯びていく色の変化が楽しい古典インクです。耐光性、耐水性に優れていて、黒のように使えるカラーラインナップも魅力です（全6色）。万年筆のお手入れに慣れてからがオススメ。絶妙な色が大好き。

クラシックインク
価格：各2,200円
／プラチナ万年筆　水性染料インク（酸性）

PLATINUM
CITRUS BLACK
シトラスブラック
PLATINUM
CASSIS BLACK
PLATINUM
KHAKI BLACK
PLATINUM
FOREST BLACK
カシスブラック
フォレストブラック
カーキブラック

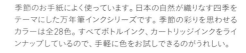

INK SELECTION CASE3

推し色をどこまでも追及 茶色&青緑の世界

itoya Limited Edition
Fountain Pen Ink TACCIA
／ナカバヤシ　水性染料インク
※mizutama私物

万年筆メーカーTACCIAの伊東屋限定インク。伊東屋のインクイベントで一目惚れして購入。とってもよい青緑で、濃淡が素敵に出ます。文字を書くのもイラストを描くのも楽しいインクです。

色彩雫(iroshizuku)　万年筆ボトルインク
翠玉
価格:1,650円
／パイロット　水性染料インク

深い緑色に輝くエメラルドをイメージした色。明るさはありながら落ち着きもあり、どこか上品な風格を感じる青緑です。

BlueGreen

インク工房　564
価格:1,540円
／セーラー万年筆　水性染料インク

イベント『インク工房』で培ってきたノウハウや、ユーザーの声をもとに製作した100色のカラーインクの中の1色で、特にお気に入り。青と緑のバランスが丁度良く、彩度が低めで落ち着いた色味です。

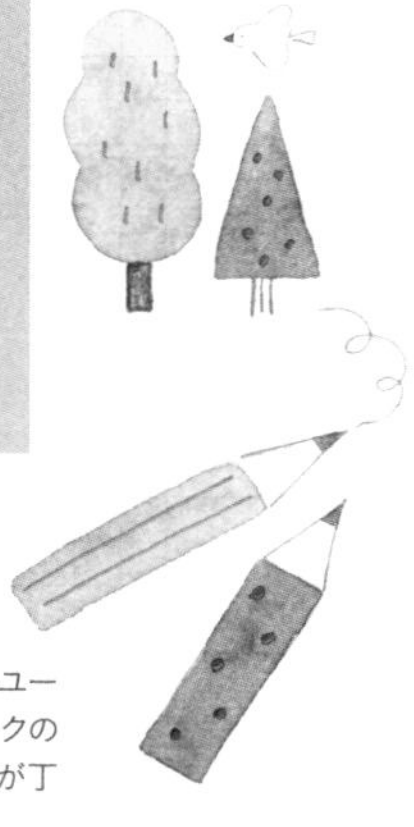

SHIKIORI ―四季織―　万年筆カートリッジインク
山鳥
価格:385円
／セーラー万年筆　水性染料インク

「渓流の向こう岸に舞い降りた美しい山鳥」をイメージした色。青味のほうが強く、鮮やかな濃いめの青緑なので、しっかり読みやすい文字を書ける色です。

誰にでも、ついついときめいてしまう色があるはず。インクを集め始めると、「あれ？いつの間にか同じような色ばっかり……」と思うことがよくあります。そんな推し色を教えてと言われたら、まず思い浮かぶのが青緑と茶色。青緑はインクに興味を持ち始めた人がいちばんハマりやすい色ではないでしょうか。青寄りか、緑寄りか、似たような色かなと思っても微妙に違う。また、色の濃さも幅広く、文字を書きやすい色だったり、イラスト向きだったりと、常に新しい発見がある色です。

茶色は、黒よりも強すぎず、レトロっぽい雰囲気があって、普段の手帳やノートにも気持ちよくなじむ色。イラストにも使えるので、見つけるとつい買ってしまう色です。こんな風に、ひとつの色をどこまでも追及してみるのも、インクの楽しみのひとつかと思います。

Brown

KobeINK物語　限定新色
ぽすくまブラウン
／ナガサワ文具センター　水性染料インク
※mizutama私物

2021年9月にKobeINK物語112色目の限定新色として発売されたカラー。日本郵便のオリジナルキャラクターぽすくまをイメージしたやさしいブラウンです。インクラベルもかわいいくてお気に入りです。

mizutama×SKB
TSUTAYA限定インク
ミルクコーヒーブラウン
SKB　水性染料インク
※mizutama私物

SKBのボトルインクをmizutamaパッケージで限定発売したもので、中のインクはSKBボトルインクの「茶珀（ちゃはく）」と同じカラーです。赤みが控えめのカフェラテみたいなミルキーブラウン。

SHIKIORI—四季織—　ボトルインク
土用
価格：1,320円
／セーラー万年筆　水性染料インク

夏のジリジリと照り付ける太陽に焼ける大地をイメージしたカラーです。「土用の丑の日」に食べるウナギも連想させる、限りなく黒に近い、深い茶色。ほかにあまりない色で素敵です。

カートリッジインク
#62 ブラウン
価格：110円
／プラチナ万年筆　水性染料インク

2本入り110円という手ごろな価格が嬉しい、プラチナ万年筆の定番カートリッジインク。9色のカラーラインナップの中で、特にお気に入りなのはこのブラウン。カートリッジで手軽なこともあり、手帳やイラストによく使っています。

※著者私物のインクは、限定商品などもあるため、販売が終了している場合があります。あらかじめご了承ください。

INK SELECTION CASE4

思わず集めてみたくなる コンセプトが面白いインク

インク集めがやめられない理由のひとつに、コンセプトが面白いインクが次々と登場すること。宝石、花、料理など、色にたとえやすいモノもあれば、自分では思いもよらない意外なものがモチーフになることも。ぜひあっと驚くインクを探してみてください。

名曲をイメージした おしゃれなインク

Track 03 Fly Me to the Moon
価格：1,980円
／KEN'S NIGHT　水性染料インク

インクアドバイザーのKENTAKEDAさんが手がける、誰もが知るジャズや映画の名曲をイメージしたインクシリーズ。お気に入りの曲の名前が付いたインクがどんな色なのか、イメージ通りと思ったり、ちょっと意外だったりと楽しいインクです。

5月 エメラルド／すずらん

11月 シトリン／シクラメン

誕生石×誕生花のカラーにときめく

誕生石×誕生花のインク
価格：1,870円
／アンコーラ　水性染料インク

銀座の万年筆・文房具ギフトの専門店 ancora（アンコーラ）の誕生石×誕生花をイメージしたインクです。1〜12月までのカラーが揃っているので、自分の誕生月のインクをぜひチェックしてみて。

万年筆インクなのに 鉛筆みたいに書けちゃう

杜の四季インク　仙臺萬年鉛筆HB
価格：2,200円
／オフィスベンダー文具の杜　水性染料インク

仙台の文具・事務用品店「オフィスベンダー文具の杜」が手掛ける、鉛筆の色を万年筆インクで再現したユニークなインクです。本当に鉛筆みたいなやさしいグレー。

みんなが知ってる あのアイスがインクに！

彩玉ink　ガリガリ君ソーダ
価格：2,200円
／パピアプラッツ　水性染料インク

埼玉の名産品や名所、キャラクターをテーマにした彩玉inkから、埼玉生まれの国民的アイス『ガリガリ君』をイメージしたインク。いちばん人気のソーダ味を再現したさわやかな水色です。

INK SELECTION CASE5

旅先で発見するのが楽しい ご当地インクを探そう

全国各地の文具店が作っているご当地をモチーフにしたオリジナルインクは、旅のお土産に最適。旅の楽しみがますます広がります。旅をするのが難しい人は、オンラインショップやイベントなどでも手に入るので、ぜひチェックしてみてください。

北海道

函館カレー
価格：2,200円
／石田文具　水性染料インク

北海道函館の文具店「石田文具」のオリジナルインク。130年の歴史を誇る五島軒のカレーをイメージしたカラーは、マイルドなカレー色で、書くたび食欲をそそります。

青森

TONO&LIMSコラボ　SAKURA100
価格：2,200円
／平山萬年堂　水性染料インク

青森の文具店「平山萬年堂」のインク。弘前の桜をイメージしたはかなさを感じる大人っぽいピンクです。ラメインクなので、ガラスペンや水筆で使っています。

山形

蔵王スプリングブルー
価格：2,200円
／八文字屋　水性染料インク

開湯から1900年もの歴史を持つ、蔵王温泉をイメージしたインク。「美人の湯」といわれる源泉を思わせるほんのりミルキーな水色です。

群馬

渡良瀬ミント
価格：2,200円
／ジョイフル本田　水性染料インク

群馬の渡良瀬川の清流をイメージした、透明感のあるミントカラーのインク。ジョイフル本田×セーラー万年筆のオリジナルご当地インクのうちのひとつです。

静岡

白妙の富士
／Penne19　水性染料インク
※mizutama私物

ペンをこよなく愛する文具店「Penne19（ペンネジューク）」のオリジナルご当地インクです。やや緑がかった水色は、雲一つない空と富士山の峰、樹海の緑を丸ごと表現したカラー。

※著者私物のインクは、限定商品などもあるため、販売が終了している場合があります。あらかじめご了承ください。

mizutamaさんの楽しいインク遊び

インク遊びは、はじめたら止まらないキケンな遊び。楽しすぎて、気がついたら何時間も経っていることも。1色のインクで遊ぶこともあれば、カラフルにしたいときも。ポストカード、メモ帳、コースターなど、好きなものにいろいろ描いて楽しみましょう。

同じ色の濃淡で描いた「Thank You」のメッセージ

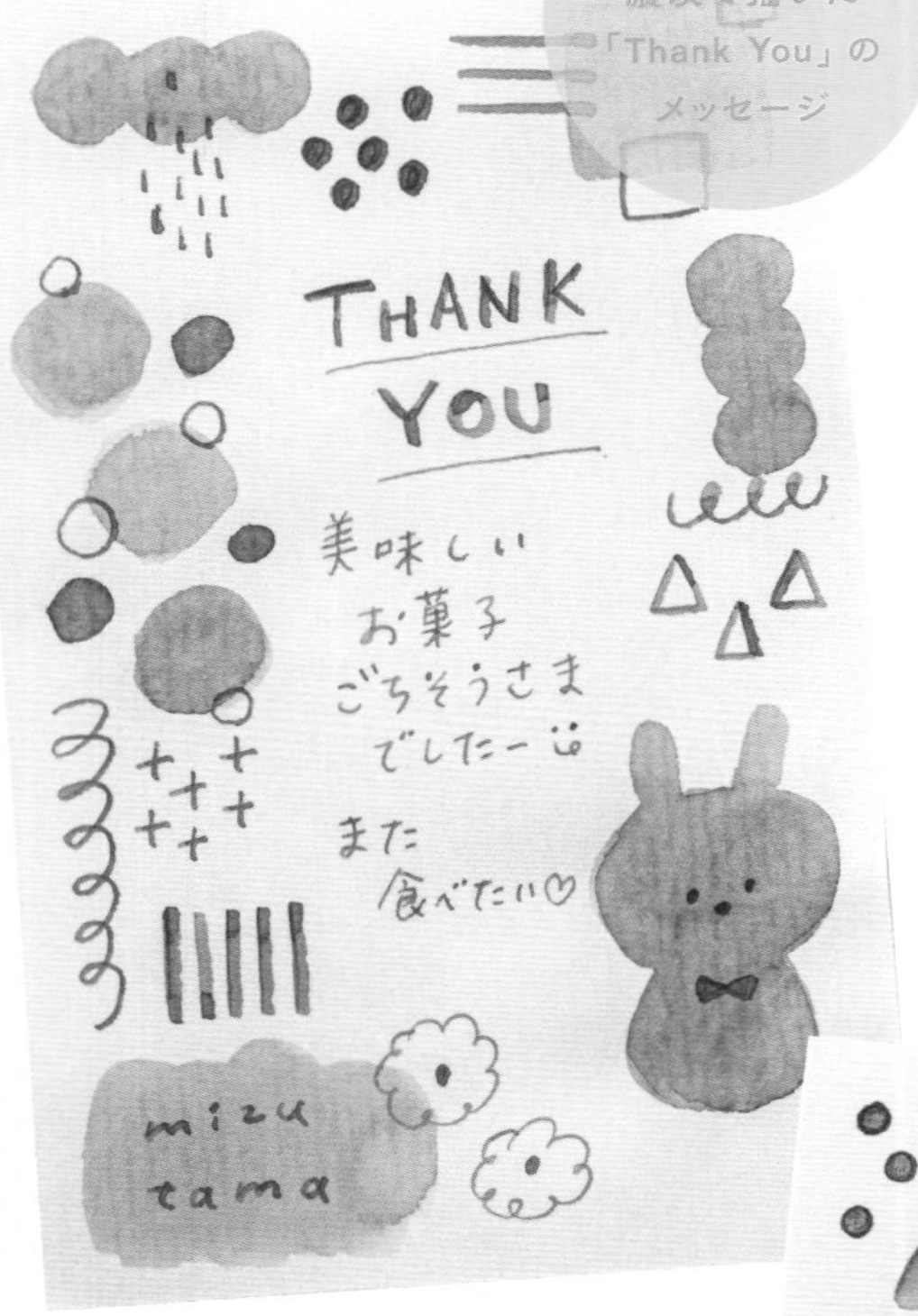

文字の入るスペースを取りつつ、形を楽しく筆で描いてから、万年筆の線で細かい模様や文字を書いて引き締めるのがポイントです。

インクの個性を生かしてニュアンスのあるカードに

万年筆のインクには、水を混ぜることで濃淡だけでなく、微妙に変色するものも。水筆で描くとインクの個性がよくわかります。□にちょいちょいっと線を足して封筒にしてみたり、顔を描いたりしてにぎやかな雰囲気に。

同じようなカラー
で描いても
紙によってちょっぴり
雰囲気が変わる!

左はコースターに描いたもの。ちょっとにじむ紙でしたが、それもかわいいので気にしない♪　右は水彩用紙のポストカードに描きました。バラっぽい、チューリップっぽい、お花をカラフルに描くのが好き。女の子を中心に描いてから、花をぐるっと描くと、花束みたいなイメージに。

ラフに描いた
チェック模様が
ポイント

こちらもインク1色で描いたイラスト。筆でラフに描いたチェック模様。線がキレイに揃ってないところがかわいい♪

万年筆の素朴なギモン Q&A

「万年筆を使ってみたいけどよくわからない」、「使っていてわからないことがある」など、万年筆を使うときに知っておきたい、素朴なギモンにお答えします。

Q.1 安い万年筆でも大丈夫？

A 安いのに書き心地も使い心地もバッチリなモノもあります！

本書の24ページで紹介しているプレピーは約500円で購入できますが、筆圧をかけなくてもするするとした書き心地が楽しめるうえ、キャップを閉めたままで1年使わなくてもインクが詰まらない「スリップシール機構」も搭載しているので、ズボラさんでも使えちゃう高機能な一面も。

もちろん安い万年筆のなかには、書き心地や使い心地が微妙なモノもあるので、失敗したくなければ買う前によく下調べしてから買うのがオススメです。

プレピーは、発売10年で累計販売1,000万本を突破したメガヒット万年筆。カジュアルに使える価格なので、最初の1本に選ぶ人も多いです。
→プレピーの詳細は24ページ参照

Q.2 高い万年筆と安い万年筆はどう違うの？

A いろいろありますが、いちばんの違いはペン先や軸などの素材です。

セーラー万年筆の「プロフィット21(左)」と「プロフィットジュニア(右)」。形は似ていますが、プロフィット21は21金ペン先の上位モデルで約3万円代半ば、プロフィットジュニアは初めての万年筆にぴったりの入門モデルで、価格は2,750円です。

1,000円以下で購入できる手に取りやすい万年筆と、数万円する高価な万年筆の違いは、いろいろあるのでひとことでいうのは難しいですが、まずペン先の素材の違いがあげられます。

万年筆のペン先は、おおむねステンレスか金。金のペン先のほうが高価で、国内メーカーで1万5,000円くらいから、海外メーカーのモノは3万円以上の価格になります。そのほかに、高級万年筆には軸の素材なども耐久性や美しさなどによりこだわった希少な素材が使われていることが多いです。

Q.3 コンバーターってどれを使えばよいの?

A 万年筆と同じメーカーの互換性のある製品を選びましょう。

ボトルインクを使いたいとき、欠かせないのがコンバーター。コンバーターは万年筆とはおおむね別売りされているので、万年筆を購入してボトルインクを使いたいと思ったら、コンバーターも一緒に購入しましょう。コンバーターの形は全メーカー共通でありません。必ず万年筆と同じメーカーのもので、万年筆と互換性のあるかどうか確認してから購入しましょう。最初はわかりにくいので、万年筆売り場の店員さんに聞いてみるとよいでしょう。

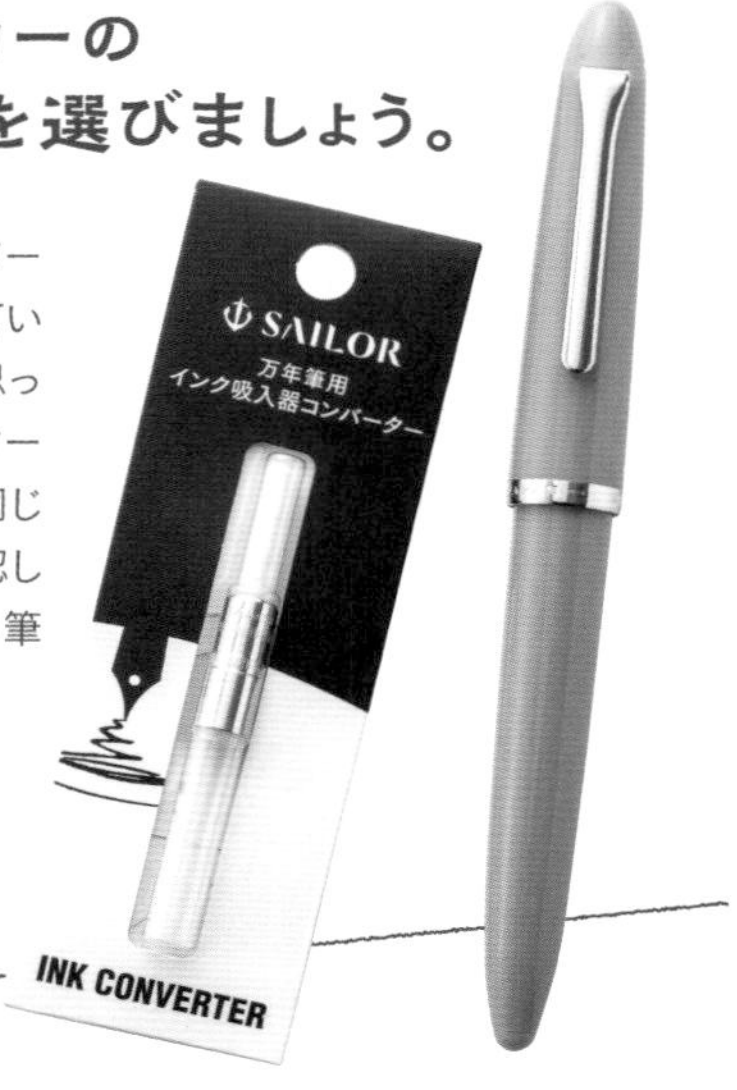

セーラー万年筆の「プロフィットジュニア」の場合、「万年筆用インク吸入器コンバーター(770円)」がぴったり。

Q.4 万年筆のメーカーと違うメーカーのインクを使ってもよい?

A 国内メーカーの万年筆は、ほかのメーカーのインクを入れると保証外になります。

万年筆のメーカーから出ているインクは、そのメーカーの万年筆で最高の書き心地が発揮できるよう考えて作られています。国内の主要3メーカー、パイロット、セーラー万年筆、プラチナ万年筆では、純正インクの使用を前提としているため、ほかのメーカーのインクを入れた万年筆は保証外となってしまうので注意しましょう。

ただ、万年筆ファンの中には、これらを理解したうえでの自己責任で純正以外のインクを使用している人もいます。海外のメーカーや、インク以外は作っていないというメーカーもあるので、その場合は、手ごろな価格の万年筆で試してみてください。

95ページで紹介したご当地インクなど、全国の文具店のオリジナルインクの中には、セーラー万年筆が製造元というモノも多いので、セーラーの万年筆を持っているという人は比較的ためらいなく使えます。

石田文具のオリジナルインク「函館カレー」も、ジョイフル本田のオリジナルインク「渡良瀬ミント」もインクの製造元はセーラー万年筆です。

※必ず万年筆やインクなど製品の取扱説明書をよく読んだうえ、自己責任でお試しください。

Q.5 左利きなんですが、ぴったりの万年筆はある？

A 左利きの人用の万年筆が出ています。

　左利きの人でもそれぞれ書き方に違いがあるので、どの万年筆でも気にならず使えるという人もいれば、「紙の引っ掛かりがある」、「書きにくい」と感じる人もいるようです。

　左利きの場合、どうしても左から右に文字を書いていくときに、紙とペン先が引っかかってしまうことがあるようです。そのため、左利きの人には、ペン先が大きく、書き心地が柔らかいしなやかなペン先のモノや、字幅が細すぎない万年筆ならストレスを軽減できるかと思います。

　どうにも合うモノが見つからないという人には、レフティ用の万年筆がオススメです。ペン先を大きく丸くすることで、書きにくさを解消。ストレスない筆記が楽しめます。

プロフィット21 レフティ 万年筆／セーラー万年筆
極細・細字・中細・中字・太字　価格：3万3,000円
ズーム・ミュージック　価格：3万5,200円

Q.5 1本の万年筆につき1色のインクを使うべき？

A ズボラさんはそのほうが安心です！

　万年筆のお手入れについては104ページから紹介していますが、きれいに洗うためには結構な手間がかかります。ざっくり洗っただけだと汚れが残ったままで、新たに入れたインクの色と混ざってしまうことも。万年筆のインクは基本的に混ぜてはいけません。そのため、きちんとお手入れできる自信がない場合は、1本の万年筆に同じ色のインクを入れ続けるのが安心です。

カートリッジの場合、使い切ったらすぐにほかの色のインクを挿したくなりますが、万年筆の中にインクが残っているので、必ずきれいに洗わないとインクが混ざってしまいます。1本を「このインク専用」と決めたほうが、お手入れもインク交換もラクチンです。

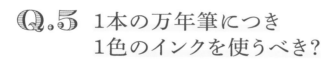

Q.4 お手入れを ラクにしたいのですが?

A お手入れキットを使いましょう!

　万年筆を使うとき、どうしても欠かせないのがお手入れです。時間も手間もかかるので、面倒だなと感じる人も多いはず。そんなときには、お手入れキットを使ってみましょう。パイロット、プラチナ万年筆のキットは、インク洗浄液と、ペン先の水洗いをサポートしてくれるスポイトがついているので、「インク汚れが取れない」、「コンバーターを何度もくるくる回すのが大変」という悩みを解消。セーラー万年筆のキットには洗浄液がない代わりに、洗浄用とカートリッジのインク補充用の2種類のノズルが使える洗浄機がついています。大幅に時短になることはないですが、お手入れがラクになることは間違いないので、ぜひ試してみてください。

POINT

- 万年筆と同じメーカーのお手入れキットを購入しましょう。
- 使用できない万年筆もあるので、説明書をよく読んでから使いましょう。

各社のお手入れキット

お気に入りの万年筆を大事に長く使うために、
お手入れキットで楽しくきれいにしましょう。

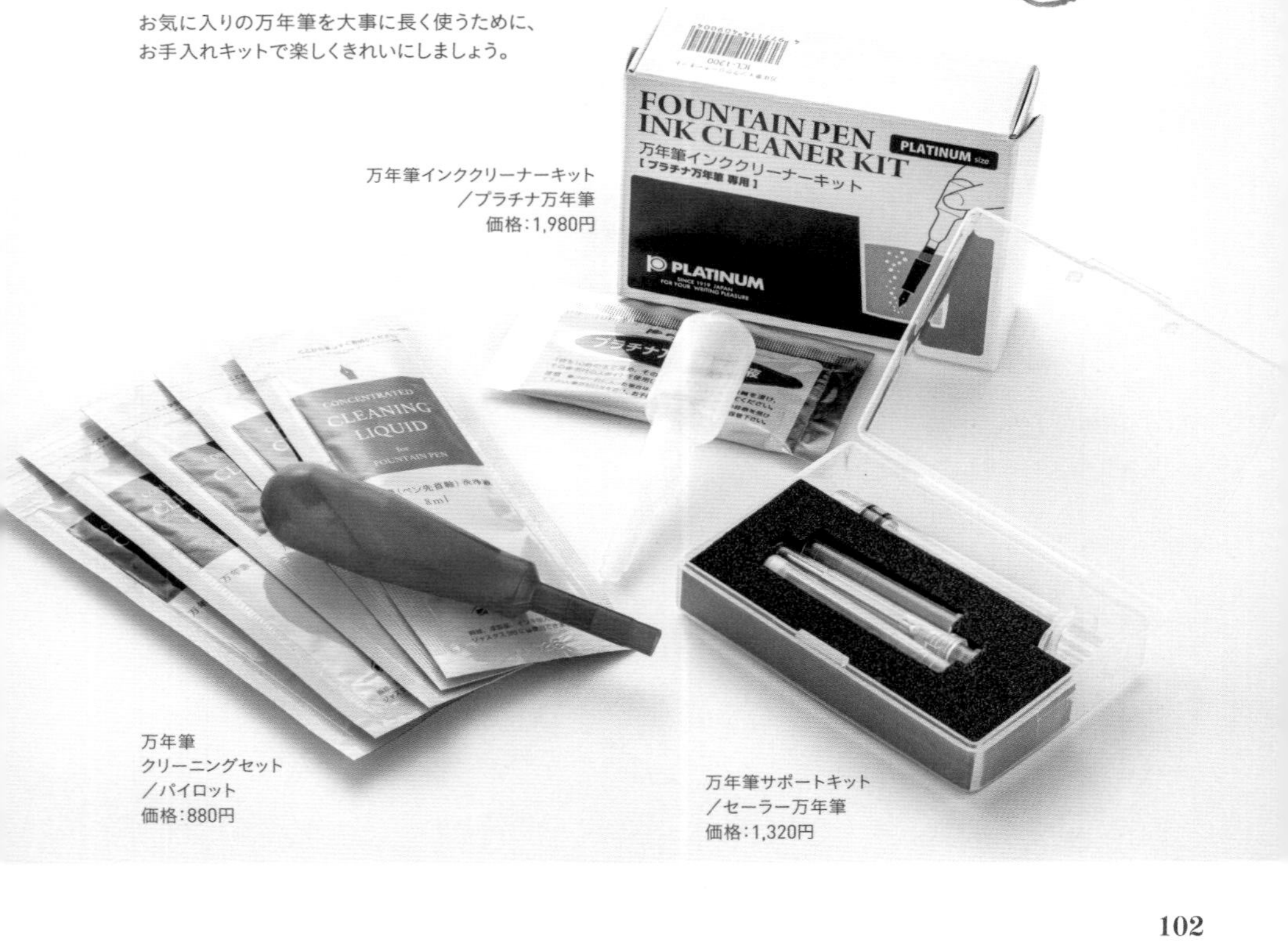

万年筆インククリーナーキット
／プラチナ万年筆
価格：1,980円

万年筆
クリーニングセット
／パイロット
価格：880円

万年筆サポートキット
／セーラー万年筆
価格：1,320円

Q.7 インクが出ないときの応急処置ってありますか？

A 自己流ですが、私は水にちょんちょんつけちゃいます。

ちょっとの間、使っていなかった万年筆を久々に使おう、と思ったとき、「あれ？インクがでないぞ」ということってよくありますよね。私の場合は、机の上に置いているインク用の水に万年筆をちょんちょんとつけ、ペン先のインクを溶かしてから、そのまま使ってしまったりします。洗浄してしまうと、中に残っているインクがもったいないので。ただし、それでもインクの出が悪い場合は、きっちり洗浄するのがオススメです。

ちょっと使っていなかったくらいなら、ペン先を水につければ、最初に少し水っぽいインクが出るものの、普通に使えることが多いです。何か月も使っていない場合は、しっかり洗浄しましょう。

自己流の解消法なので、誰にでも推奨できる使い方ではありません。自己責任で試してみてね！

Q.8 万年筆でいちばん使いやすい字幅は？

A 字を書くなら細字（F）～中字（M）、イラストなら中字（M）～太字（B）がおすすめ！

MAR
1
WED
今日は万年筆本の
作例などなどを準備。
あれこれと楽しくなってついつい
夢中になってしまった～
万年筆とインク、やっぱり
とってもたのしい～～～!!
パレットに出したインク
万年筆のペン先に

使いやすいと感じる字幅は人それぞれですが、たとえば小さめの手帳やノートに文字を書くとき、中字（M）～太字（B）の字幅を使うと、文字がつぶれてしまうので、細めの字幅のほうが向いています。またイラストを描くときは、中字（M）～太字（B）、ミュージックなどの特殊なニブのほうが存在感のある線が描けます。ノートや手紙など、見えやすい大きさでしっかり文字を書く場合は、細字（F）～中字（M）くらいがオススメ。こんな風に、自分が何を書きたいかを基準に字幅を選ぶとよいでしょう。

手帳に文字を書くときは、極細（EF）や細字（F）などの字幅を選ぶと、小さい文字もきれいに書けます。

万年筆をお手入れしよう

万年筆を長く大事に使い続けるために、必ず知っておきたいのがお手入れ方法です。万年筆は、ボールペンやシャープペンなどと違い、長い間使っていないとインクが固まってしまうことがあるので、こまめに使うことがいちばん万年筆にとってよいことです。

インクを入れ替えたいときや、長く使わないとき、インクが固まってしまったときなどには、水で洗浄する必要があります。最初は面倒に感じるかもしれませんが、「ちょっと手のかかる子ほどかわいい」というもの。ぜひお手入れも楽しんでみてください。

万年筆を長持ちさせるコツ

・こまめに使う

万年筆はこまめに使うと「喜ぶ」筆記具です。まめにインクをペン先に流すことで、インクが詰まらず快適に使い続けることができます。

・定期的に洗浄する

インクを替えるとき、同じインクならそのまま入れてもOKですが、ひと手間かけて洗浄するとインクの流れがよくなります。

Check!

こんなときは水洗いしましょう

インクの出が悪い

インクが内部で固まってしまい、書けなくなってしまったという場合が多いです。万年筆をしばらく使っていなかった！　というときに起こりがちなトラブルです。

久しぶりにインクを入れたけれど書けない

保管していた万年筆にインクを入れてみても書けないときは、まず一度水洗いしてみましょう。それでも書けない場合は、万年筆メーカーのユーザーサービスに問い合わせてみましょう。

インクの色を変えたい

「ブラックのインクを使っていたけれど、次はブルーを入れたい」など、使うインクを変更するときは、必ず水洗いしましょう。インクが切れて書けない状態でも、少量のインクが内部に残っているので、そのまま入れるとインクが混ざってしまいます。

しばらく使わず保管したい

万年筆を保管するとき、インクを入れっぱなしにしたまま長い間放置すると、インクが固まってしまい使えなくなってしまうことも。しばらく使わないときは、必ず洗ってから保管しましょう。

万年筆を洗ってみよう

万年筆のお手入れの基本は「水洗い」です。トラブルが起きたときだけではなく、インクを入れ替えるときには、ペン先やコンバーターをきれいに水洗いしてから新たなインクを入れると、万年筆が長持ちします。最初は少し面倒に感じるかもしれませんが、手をかけて育てるような気持ちで、お手入れを楽しんでください。

Let's Try!

監修
セーラー万年筆

POINT

焦らずしっかり時間をかけて洗う

万年筆の洗浄は、ささっと洗ってすぐ完了！　という訳にはいきません。しつこいインク汚れも多いので、焦りは禁物。今回は、ペン先を漬け置きして、ゆっくり一晩かけてインクを溶かす洗浄方法を紹介しています。

ペン先の扱いに注意

ペン先は万年筆の命。水洗いの最中に落としたり、刺激したりしないよう、十分注意して行いましょう。

熱湯、洗剤やアルコールの使用はNG

熱湯はペン先の変形の原因に。ペン先や樹脂パーツの痛みの原因になる可能性があるので、洗剤や、アルコールが入ったウェットティッシュなどの使用は避けましょう。

※万年筆は、メーカーにより、推奨するお手入れ方法が違うので、万年筆の説明書をよく読んでからお手入れしてください。

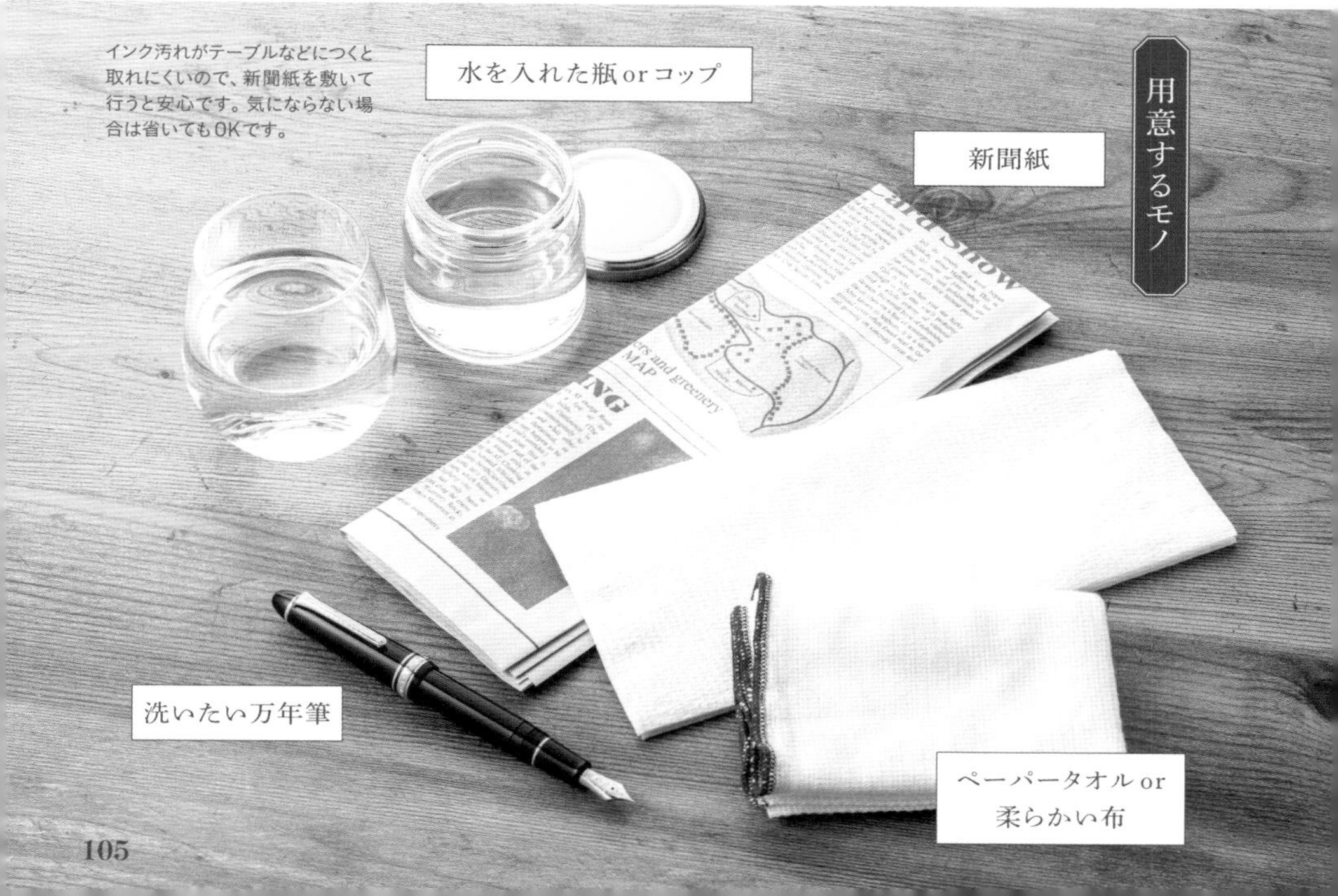
用意するモノ
インク汚れがテーブルなどにつくと取れにくいので、新聞紙を敷いて行うと安心です。気にならない場合は省いてもOKです。
水を入れた瓶 or コップ
新聞紙
洗いたい万年筆
ペーパータオル or 柔らかい布

万年筆の洗い方❶

カートリッジインクの場合

1

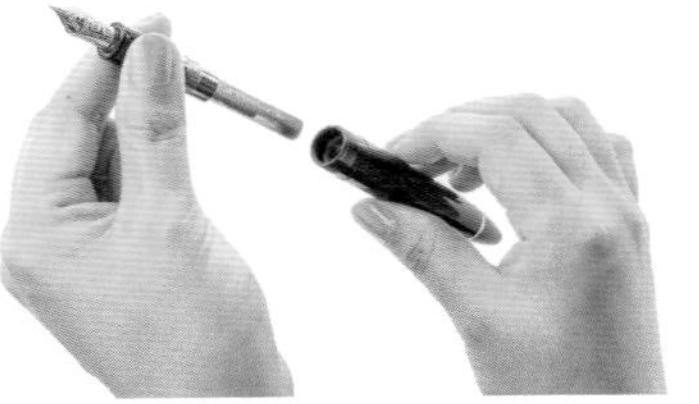

ペン先のついたパーツと胴軸《どうじく》を外します。

2

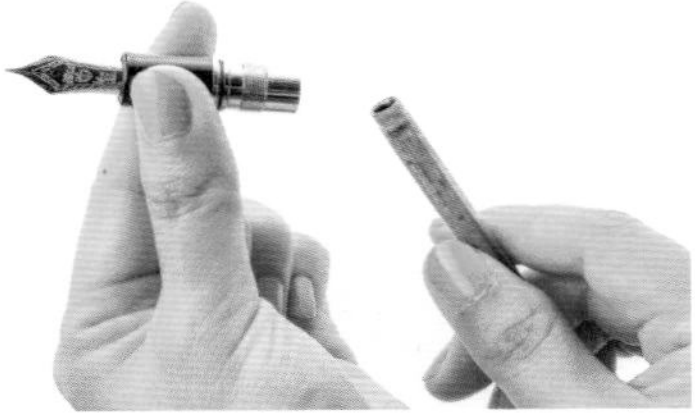

ペン先のついたパーツから、カートリッジを外します。使い終えたカートリッジは破棄してください。

3

水を入れた瓶にペン先のついたパーツを入れます。このとき、ペン先を傷つけないように気を付けて。

汚れが取れたらココまででもOK!

4

ペン先のついたパーツ全体を水に浸した状態で、一晩漬け置きします。

5

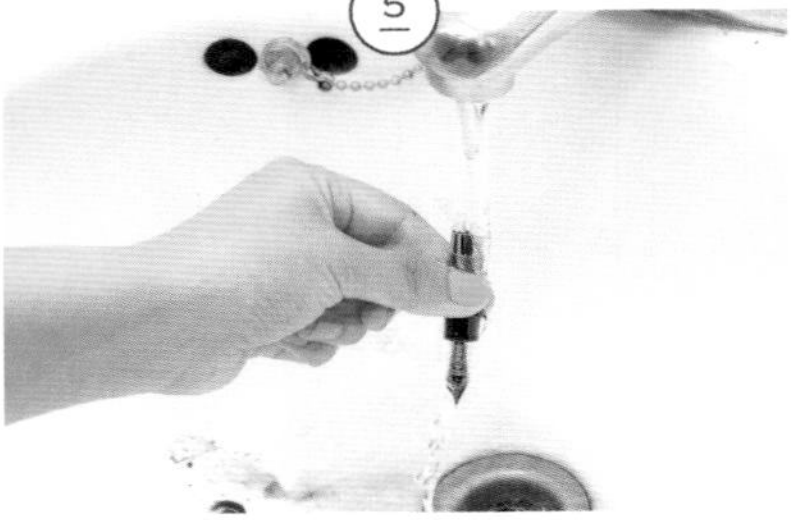

翌日になったら取り出して、流水で洗います。

私は、❷の次にこうしちゃうときも！

6

ペーパータオルや柔らかい布で水気を取りましょう。拭いたとき、色の濃いインクがつかなければOKです。

※浸け置きするとき、透明軸やスケルトンカラー軸の場合、大先の中に水が入り込み、インクの色素の残りが見えてしまうことがありますので、浸け洗いは避けてペン先部分のみ水で洗い流してください

万年筆の洗い方❷

コンバーターの場合

1

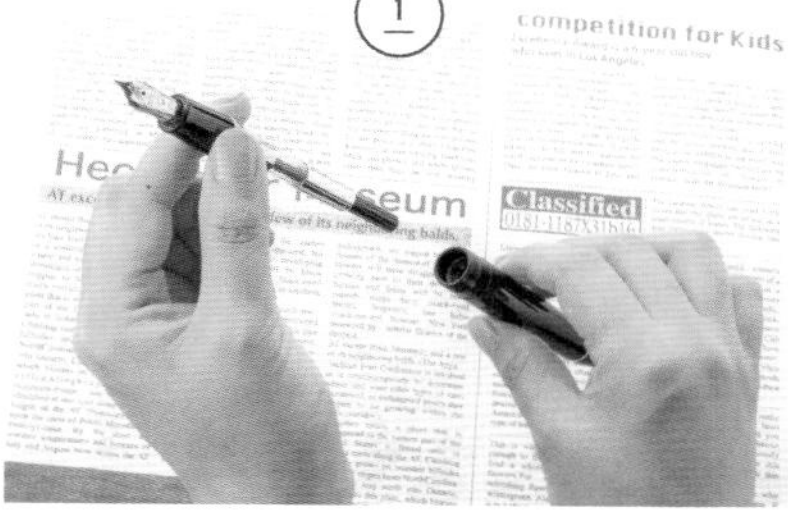

ペン先のついたパーツと胴軸を外します。

2

水を入れた瓶にペン先を浸します。この時、ペン先を傷つけないように気を付けて。

3

コンバーターのノブを回して水を吸入し、いっぱいまで入ったらノブを逆に回して排出します。これを5〜6回繰り返します。

4

コンバーターの中がきれいになったら、ペン先のついたパーツとコンバーターを外します。

5

きれいな水を入れた瓶の中に、ペン先のついたパーツを入れます。そのまま一晩漬け置きします。

6

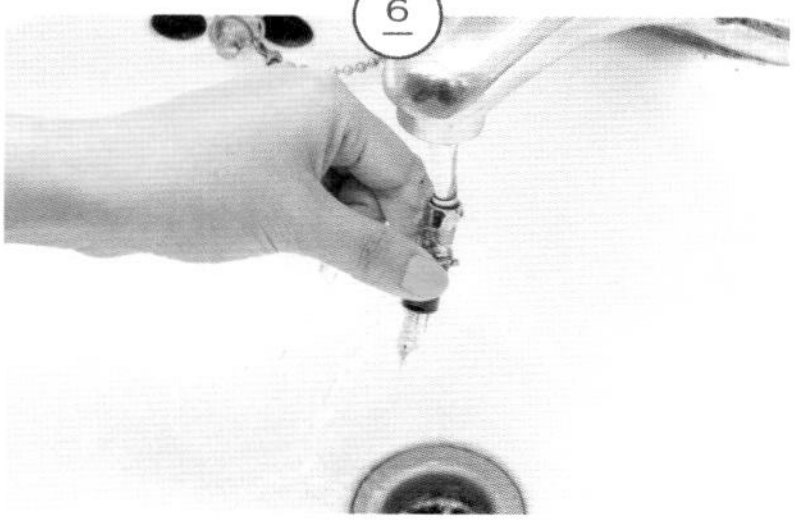

最後に流水で洗い、ペーパータオルなどで水気を取ります。色の濃いインクがつかなければ洗浄完了です。

万年筆の洗い方③

吸入式万年筆の場合

1

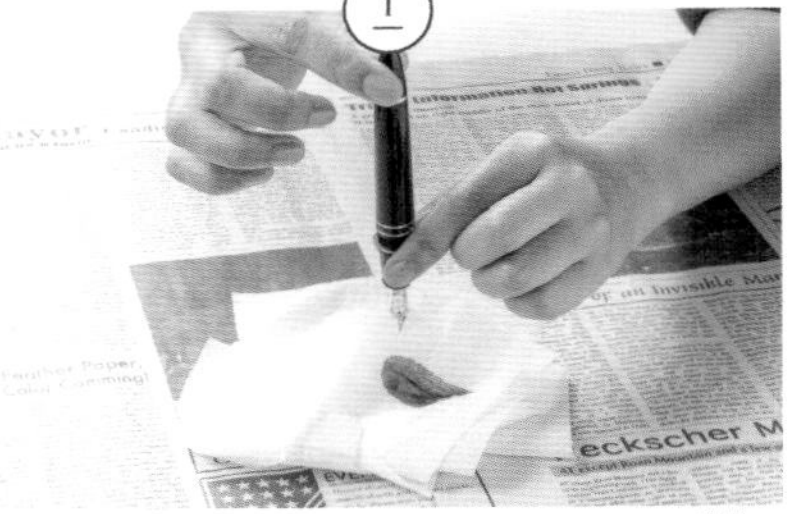

ティッシュや紙ナプキンを折りたたんで敷きます。尾栓《びせん》を回して、胴軸《どうじく》内に残ったインクを出します。
※吸入式万年筆のパーツは基本的に外せないので、無理に分解しようとしないでください。

2

水を入れたコップにペン先を浸して、インクを入れるときと同じように尾栓を回して水を吸入します。

3

尾栓を反対に回して、吸入した水を瓶の中に排出します。
※大先《おおさき》全部を水に浸けてしまうと、内部に水が入り込んでしまうことがあるので、浸けるのはペン先の少し上くらいまでにしましょう。

4

コップの水を何度か変えながら、②と③を何度か繰り返して、コップの水が汚れなくなったら大丈夫。

5

ティッシュや柔らかい布でペン先の水分を拭き取って、色の濃いインクが付かなければOKです。

【ATTENTION!】

インクを入れる前に しっかり乾かそう

内部に水分が残っているままインクを入れると、インクが水っぽくなってしまいます。早くインクを入れたいのはやまやまですが、できれば一晩かけてゆっくり乾かしてください。トレイなどにペーパーナプキンやティッシュを敷いて、その上に万年筆を置いて陰干ししましょう。

万年筆のボディもきれいに

万年筆のボディの素材は、大きく分けると合成樹脂製か金属製がほとんどです。ボディにはインク汚れがつきやすいので、汚れたときは、柔らかい布で優しく拭きましょう。汚れが落ちないときは布を水で濡らしてしっかり絞ってから拭きます。

ただし、注意するべき点がひとつ。ウェットティッシュなどでアルコールが入ったモノはペン先も含め使用NGです。合成樹脂をアルコールで何度もこすると白く変色してしまうことや、割れてしまうことがあります。お気に入りの万年筆を大事に長く使うために正しいお手入れをしましょう。

柔らかい布であればなんでもOKですが、万年筆専用のクロスもオススメです。

【ATTENTION!】

ボディの素材が木製や漆など、珍しい素材の場合は、説明書をよく読んで適したお手入れをしましょう。

万年筆の収納と持ち運びはペン先を上に！

ボールペンやシャープペンはペン立てなどに入れるとき、ペン先を下にして入れることが多いと思います。

万年筆の場合は、寝かせて収納するか、ペン先を上にして収納するのが正解です。ペン先を下にしておくと、インク漏れしてしまうことがあるからです。

一般的な横置きのペンケースに入れて持ち運びするときは、ペン先の方向を揃えて入れ、バッグの中に入れるときはペン先が上になるよう立てて入れています。

ペンケースには横向きに入れて

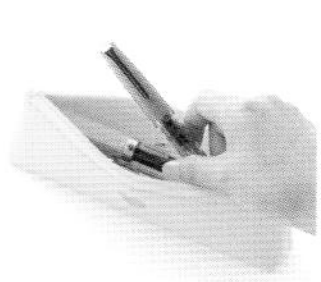

ペン先は同じ方向に揃えて入れましょう。

バッグに入れるときは立てて

インク漏れが起こりにくくなります。

私のペン立て。よく使う万年筆はこんなふうにざくざくっとペン立てに立てて収納しています。

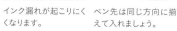

PART 4

万年筆と一緒に使いたい文房具

万年筆がもつレトロ感やアンティーク感は、
ほかの文房具と一緒に使うことでますますアップ。
心ときめく文房具と組み合わせて、
万年筆をもっと楽しく使いましょう。

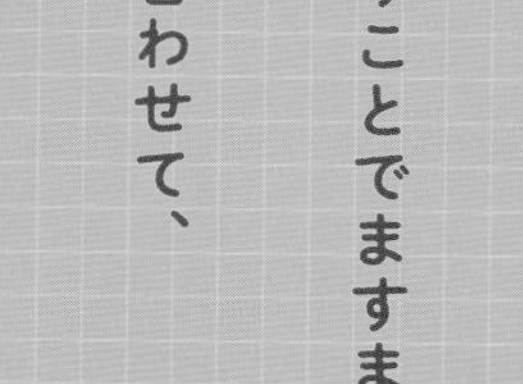

万年筆と合わせたい文房具

万年筆には、一緒に使うともっと書くことが楽しくなる文房具がたくさんあります。相性のよい紙が使われたノートやかわいい収納用品、インクを楽しく使うカードなど、万年筆の楽しさをアップしてくれる文房具を紹介します。

【紙モノ】

2
4
「書き心地」には
理由があります。
Designed for Writer's Comfort
MD PAPER
万年筆ぬらぬら派。
グラフィーロ メモブロック
Rollbahn
Ferne Reisen Die Propeller Das Flugzeug
machen weise drehen sich gewinnt an Höhe Leben
Rollbahn
Ferne Reisen Die Propeller Das Flugzeug
machen weise. drehen sich. gewinnt an Höhe. Leben.
4
LIFE
NOBLE MEMO
PLAIN
100 SHEETS
B7 無地
LIFE N41
1
3

① GRAPHILOシリーズ／神戸派計画

GRAPHILO ペーパー A5　価格:880円
GRAPHILO メモブロック　価格:605円

万年筆の筆記特性を追求した「GRAPHIRO」シリーズ。「ぬらぬら書く」をコンセプトに、にじみにくくてかすれのない、ぬらぬら書ける神戸派計画のオリジナルペーパーです。私も書き心地のトリコに！

② MD PAPER PRODUCTS®／ミドリ

MDペーパーパッド<A5> 無罫　価格:550円

お絵描きに使っています。裏抜けやにじみが少なく、日常的に使う用紙やノートに最適。15年前から「書くこと」にこだわり改良を重ねてきたこともあり、MD用紙には書く楽しさが詰まっています。

③ ノーブルノートシリーズ／LIFE

R61　ノーブルレポートA4無地　価格:1,100円
N41 ノーブルメモB7無地　価格:385円
R201　ノーブルリフィルミニ　無地　価格:550円

東京下町の職人の手で丁寧に製本されているLIFEのノーブルシリーズ。使われているオリジナルペーパー「Lライティングペーパー」は、滑らかな書き心地と柔らかな紙色で、ずっと書いていたくなります。

④ ロルバーン／デルフォニックス

ロルバーン ポケット付メモ　Lサイズ　イエロー　価格:759円
ロルバーン ポケット付メモ　Lサイズ　オリーブ　価格:759円

インクがにじみにくく、裏写りしにくい5mm方眼の上質紙が使われているロルバーン。全ページにミシン目がついているので、万年筆でサッとメモを取りたいときにも大活躍します。愛用しすぎて何冊も持っています。

【収納品】

落として割れたりしないよう、万年筆は専用のペンケースやボックスにしまっておきたいもの。かわいいケースなら、ウキウキした気分で万年筆が使えます。

❶ 細長いサンドイッチポーチ ver.1／pu・pu・pu

タマゴサンド　価格：2,970円
ハムサンド　価格：2,970円

サンドイッチみたいなかわいい帆布のペンケース。細長くてコンパクトに見えますが、意外と大容量！　万年筆を持ち歩きたいときにも便利です。

pu・pu・pu
online shop：https://yuconp.official.ec/
Instagram：@pu___pu___pu
（アンダーバー3つずつ）

❷ 小道具箱／ぷんぷく堂

mizutamaの小道具箱〈レモン〉　価格：3,740円
mizutamaの小道具箱〈ソーダ〉　価格：3,740円

文房具女子に大人気！　文具店＆文房具メーカー「ぷんぷく堂」の小道具箱。バッグに入れてもフタが開かないよう平ゴムがついているのも便利。洗浄後でお休みさせたい万年筆を入れています。

❸ 重なるベロアケースネックレス用アクリルケース用／無印良品

価格：790円

柔らかなベロア地が貼られたアクセサリーケース。長さのあるネックレスや腕時計を収納するケースですが、万年筆にもジャストフィット！　別売りのアクリルケースに入れて、重ねて使うこともできます。

①使う道具はひとまとめ

よく使う万年筆用ポーチを作って、万年筆やスタンプ、吸い取り紙などをひとまとめに入れておけば、いつでもサッと書きだせて便利です。お気に入りのポーチに、お気に入りの万年筆が入っているだけで、テンションもアップ！　持ち歩き用、イラスト描き用など、用途ごとにひとまとめにして収納しても便利かも。

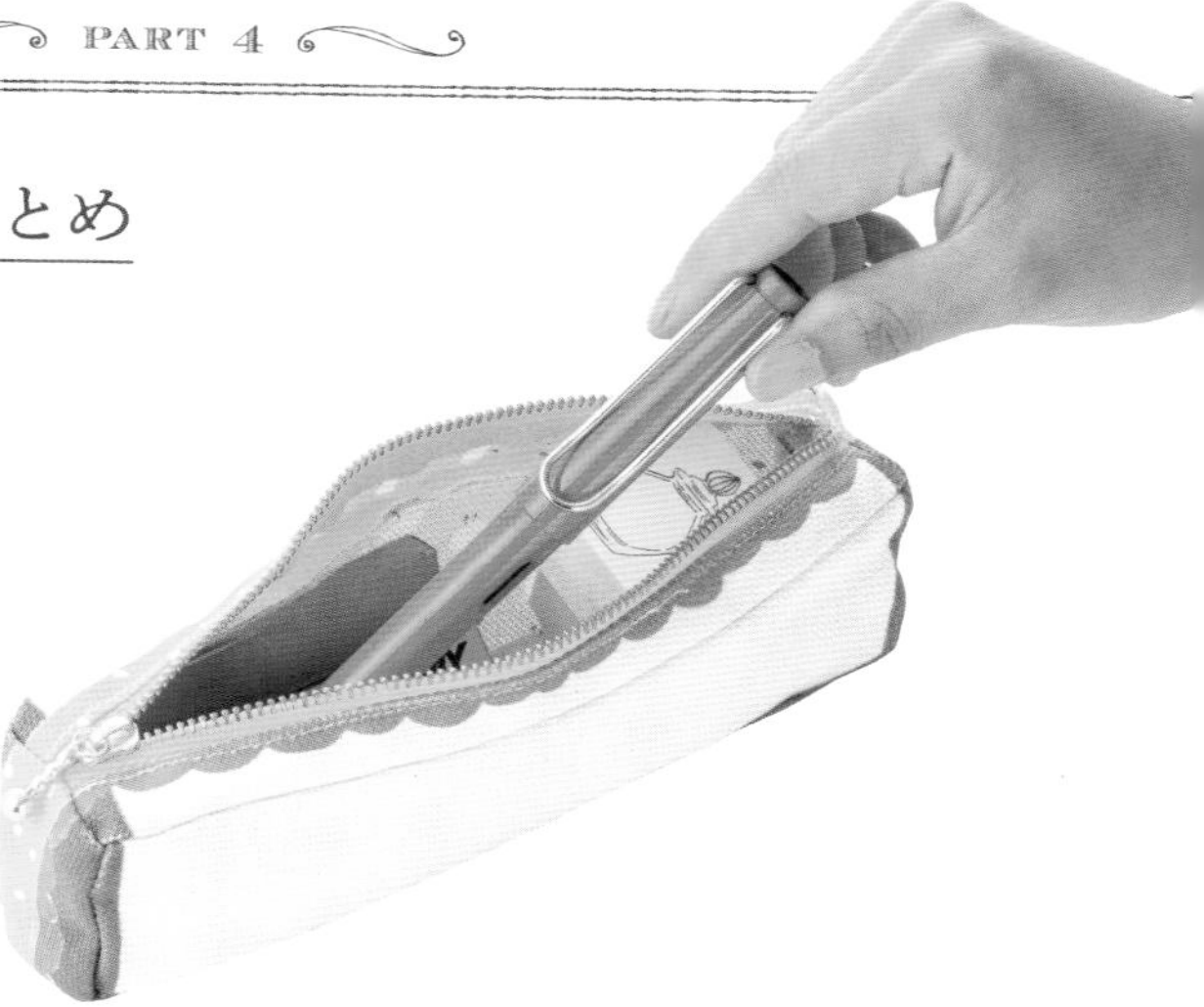

②保管は1本ずつ取りやすく

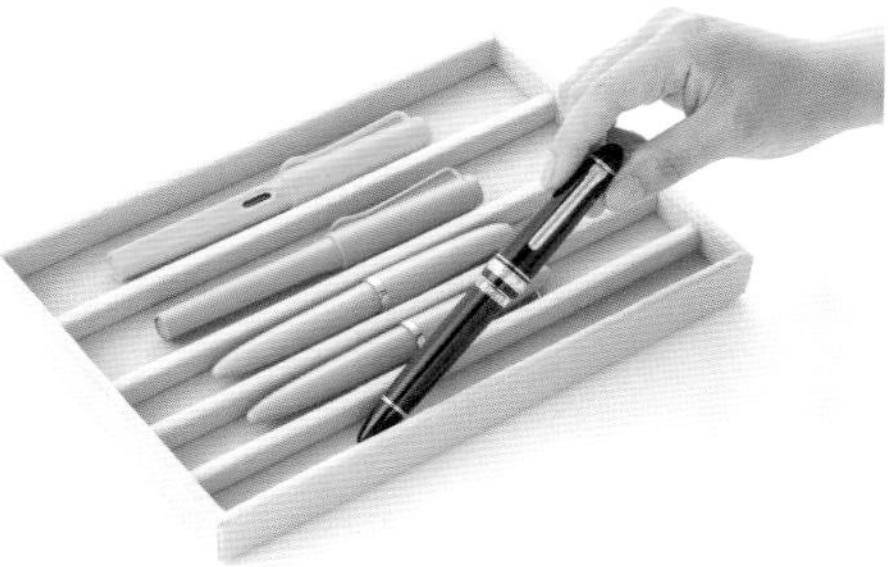

無印良品のベロア地が貼られたアクセサリーケースは、万年筆の保管にぴったり。1本ずつ入るので、きれいに収納ができます。私はガラスペンの収納として活用していますが、傷つけたくない万年筆や、高価な万年筆を収納するときにオススメです。別売りのアクリルケースに入れれば、重ねられて、インテリアにもなじむ万年筆ケースが完成します。

③お気に入りを使う

万年筆は肩ひじ張らずに、気軽に使ってほしい筆記具です。私のお気に入りグッズは、ペンレストとして使っている箸置き。特に、以前住んでいた青森県の形のモノが大好きです。文房具にこだわらず、自分のお気に入りを万年筆に合わせてみると楽しくなります。

【もっと楽しむ。】

手帳や手紙を書くだけでなく、もっと遊んでみませんか？美しい万年筆インクを塗ったり、デコレーションしたりと、書くだけじゃない楽しみを探してみてください。

水筆でにじませながら塗ったり、グラデーションのように多色塗りしても素敵。

1 インクのあいぼう／ビバリー

インクのあいぼうシリーズ　価格：715円～

インクや万年筆と一緒に使うと楽しいはんこ。万年筆やインク瓶のはんこを捺して、色を塗ればインクノートがかんたんに作れます。手帳やカードに捺せば、万年筆と一緒に使う楽しみが広がります。

2 ぬりたくり絵／ノウト

ぬり絵じゃないぬりたくり絵ポストカード
（mizutama編）　価格：880円
ぬりたくり絵トランプ　価格：3,300円

耐水性の透明なインクでイラストやデザインが印刷されているので、水性の万年筆インクで塗ると絵が浮かび上がる、楽しい「ぬりたくり絵」。いろいろな種類のデザインがあり、どれを塗ろうか選ぶのも楽しい。もちろん、mizutamaデザインもあります。

【汚れを防ぐ。】

万年筆のインクは乾きが遅め。そのため反対のページに色移りしたり、手や紙にインクがこすれてしまうことも。吸い取り紙を使えば、余分なインクを吸い取ってくれるので、汚れやにじみを防止することができます。

1 キムワイプ／日本製紙クレシア
キムワイプ S-200　価格：231円

水分や油分をふき取るための紙ワイパー。万年筆のインクも素早く吸収してくれるので、吸取紙として使えます。実は、インクを入れ替えたり、ペン先をサッと拭きたいときにも便利なんです。

2 吸取紙／コクヨ
価格：198円

万年筆で書いた文字の上にそっと乗せ、優しく押さえて余分なインクを吸い取る専用のペーパー。インクで紙や手が汚れるのを防ぎます。万年筆のお供として、ひとつ持っておくと重宝します。

3 スイトリシオリ／ライフ
スイトリシオリシートタイプ　価格：605円
スイトリシオリスリップタイプ　価格：550円

ノートや手帳に万年筆で書いたあと、シオリのように挟めば余分なインクを吸い取ってくれるので、色移りや汚れなどを防ぐことができます。シートタイプは好きなサイズに切ってもOK！

箔を押してみよう

輝く箔押しが自分で作れてしまう「ウチハク」。ノートや手帳に押して、キラキラさせてみて！

FOR YOU
旅先で
かわいいハンカチを
みつけました
ぜひ使ってね

ウチハク glue pen 3本セット
村田金箔／価格：990円
ウチハク sticker 単品
村田金箔／価格：275円
※解説ページ使用商品
ウチハク ホログラム
モザイクシルバー
村田金箔／価格：770円

全24色が入ったセットでニュアンスカラーの箔押しも再現。

貼るだけで完成するかわいい箔押し

豪華な装丁の本や素敵なカードなどに、キラリと押されている箔押し。クラシックな雰囲気が万年筆との相性もばっちり。「専門の道具や知識がないと、箔押しはできないのでは？」と思われていますが、実はかんたんに自宅でオリジナルの箔押しができるんです。

それが村田金箔の「ウチハク」です。箔押しをしたい紙やカードに、両面テープや専用のグルーペンなどを使って好きな形・文字などを書きます。そこにロール状になった専用の箔を載せ貼り付けることで、かんたんに箔押しができます。

紙製品のほかに、プラスチックやガラス、レザーにも使えます。

【両面テープで箔押しをする】

好きな形に両面テープを切って貼り、そこにウチハクを貼るだけ。かんたんにかわいい箔押しができます。

用意するモノ

はさみ
貼りたい用紙
両面テープ
好きなウチハク

1

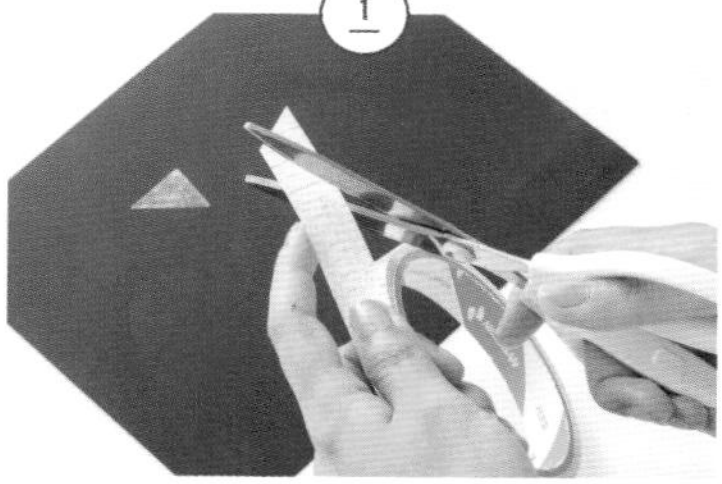

はさみで両面テープを好きな形に切り、用紙に貼りつけます。

2

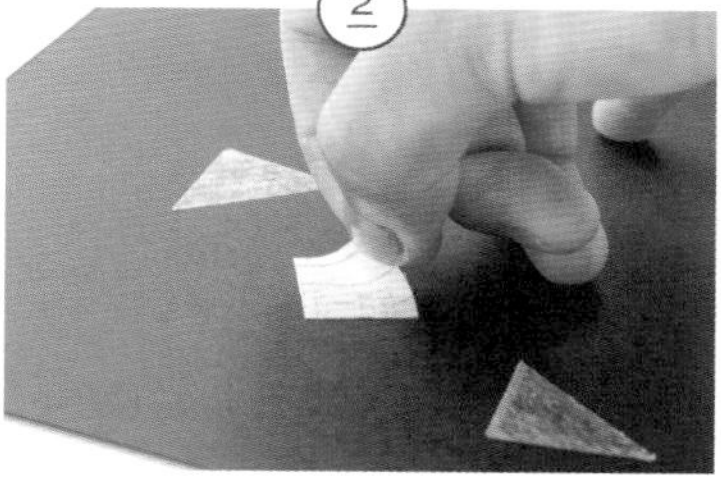

両面テープの剥離紙を丁寧にはがします。

3

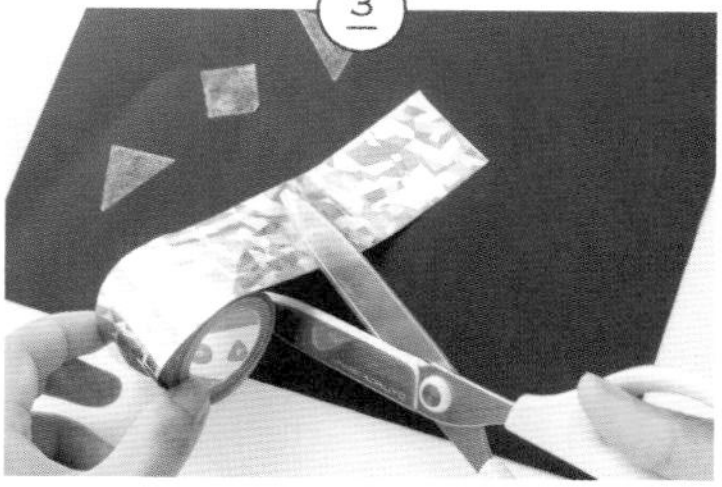

切った両面テープのサイズに合わせて、ウチハクを切ります。

4

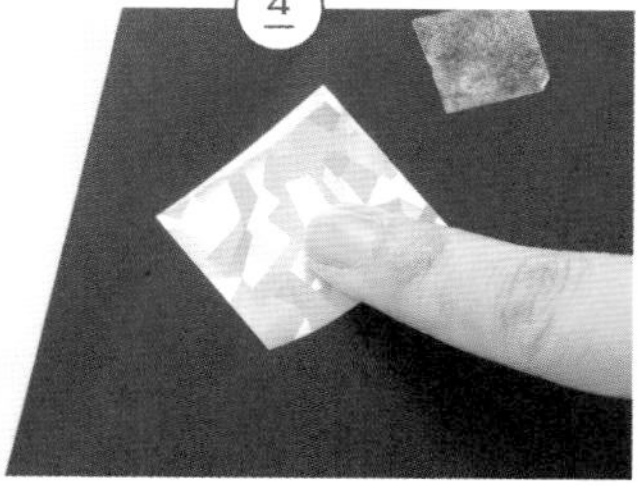

貼り付けた両面テープの上にウチハクをのせ、指の腹で上からこすります。爪でこすったり、強くゴシゴシ押さないようにしましょう。

5

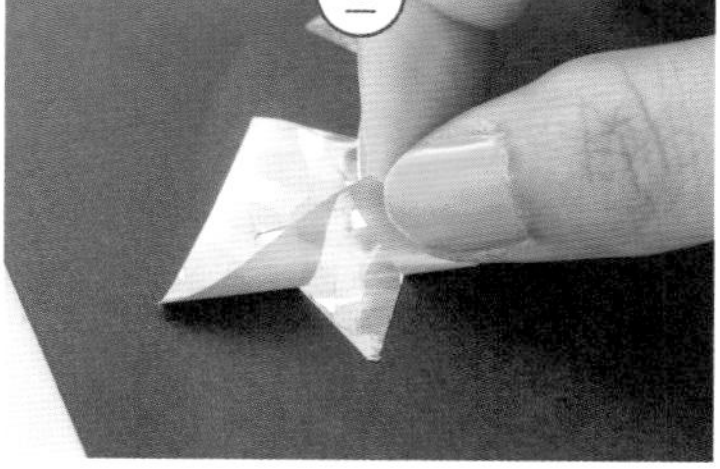

ウチハクをそっとはがします。

6

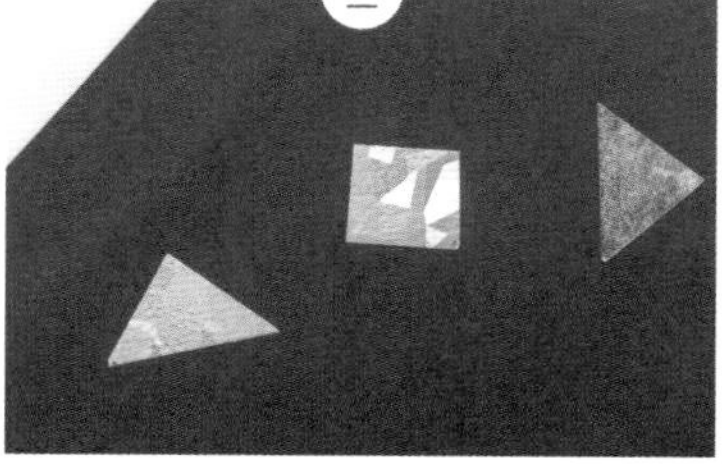

きれいに箔が貼りついていれば完成です。

【専用ステッカーで箔押しする】

デザインが糊状《のりじょう》になっている、ウチハク専用ステッカーを使えば、誰でも好きな図柄の箔押しが完成します。

用意するモノ

はさみ
貼りたい用紙
好きなウチハク
ウチハク sticker

ウチハク stickerから好きなデザインをはがします。

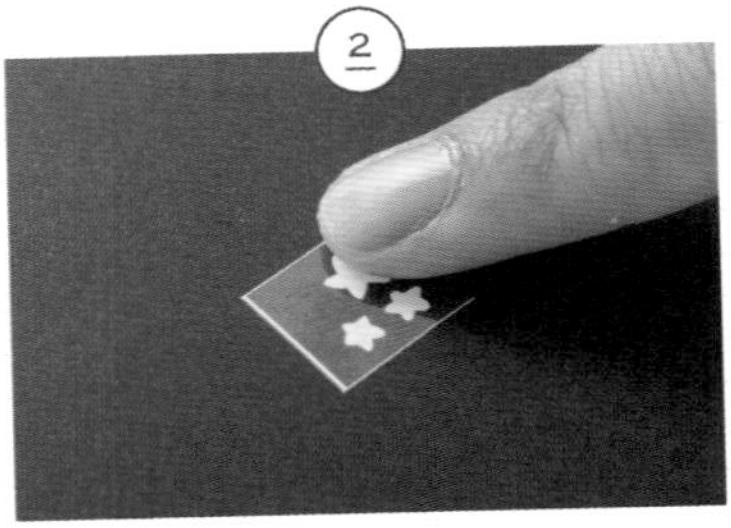

はがしたウチハク stickerを用紙に貼ります。

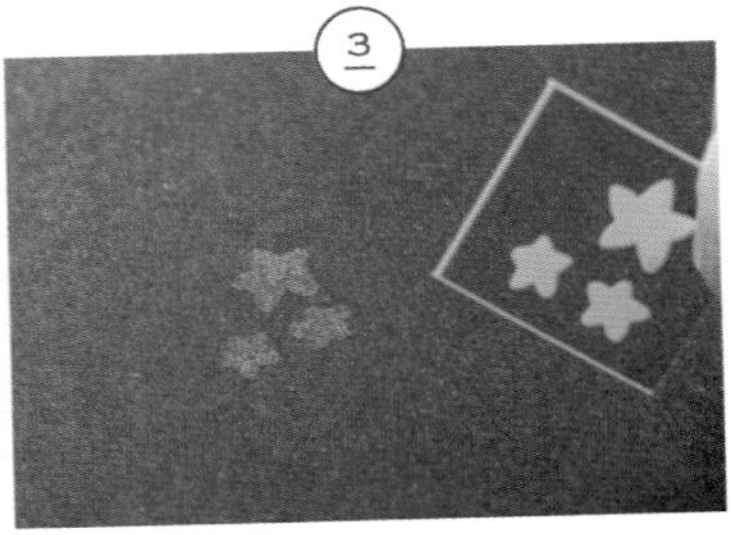

ウチハク stickerの剥離紙をゆっくりはがします。

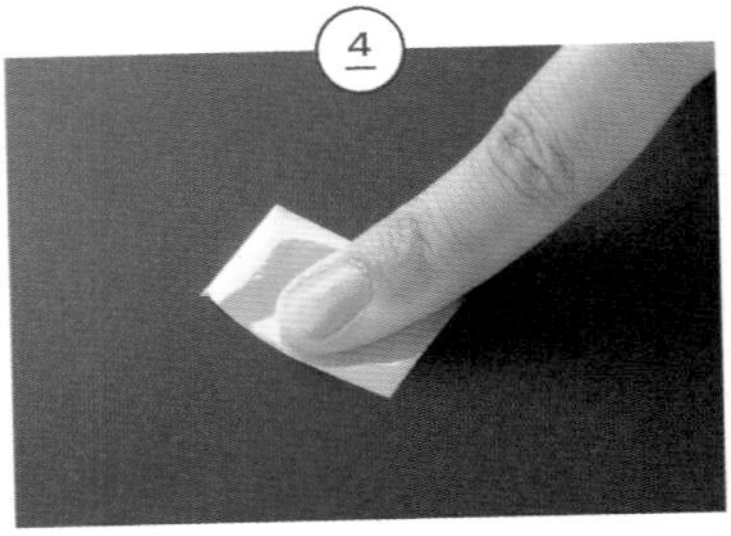

図柄のサイズに合わせてウチハクを切り、上から貼りつけます。ウチハクの上から指の腹でぽんぽん押し、ウチハクをしっかり貼ります。

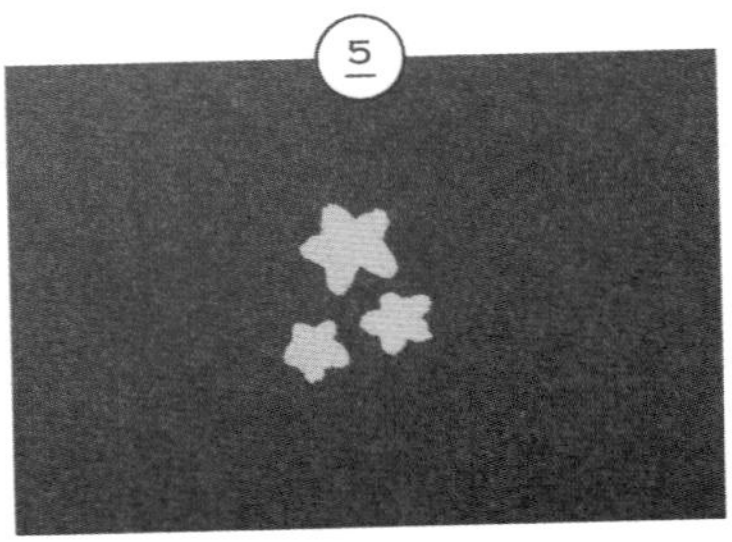

端からゆっくりウチハクをはがせば完成です。

貼るだけでかわいい箔ができちゃう！

【グルーペンで箔押しする】

マーカーペンの先から糊が出るグルーペンなら、好きなイラストやデザインも箔押しできます。

用意するモノ

グルーペンのペン先は3種類!

(右)極細
(中)まる
(左)ひら

1

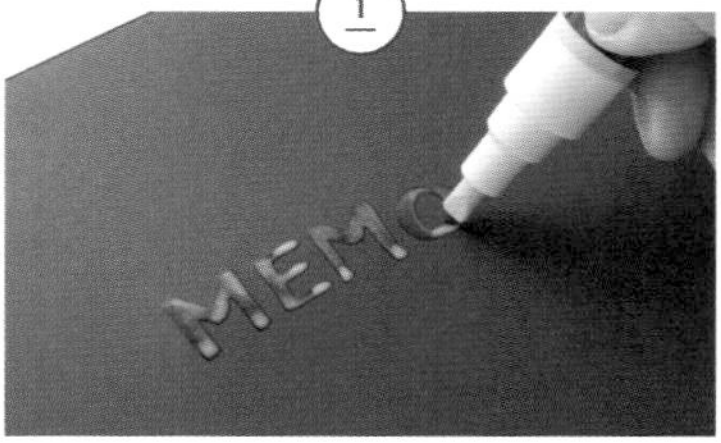

グルーペンで用紙に文字やイラストを書きます。はじめてグルーペンを使うときは、ペン先が水色になるまで何度かペン先を紙に押しておきましょう。

2

書いた文字やイラストが透明になるまで、1分～1分半ほどそのまま待ちます。
※お急ぎの場合はドライヤーなどで乾かしてもOK

3

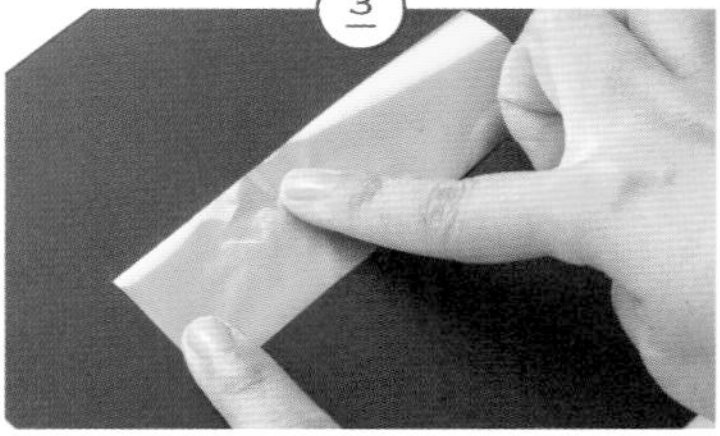

書いた文字やイラストのサイズに合わせてウチハクを切り、上から貼ります。指の腹でぽんぽん押し付けたり、ゆっくり指をスライドさせてしっかりと貼りつけましょう。

4

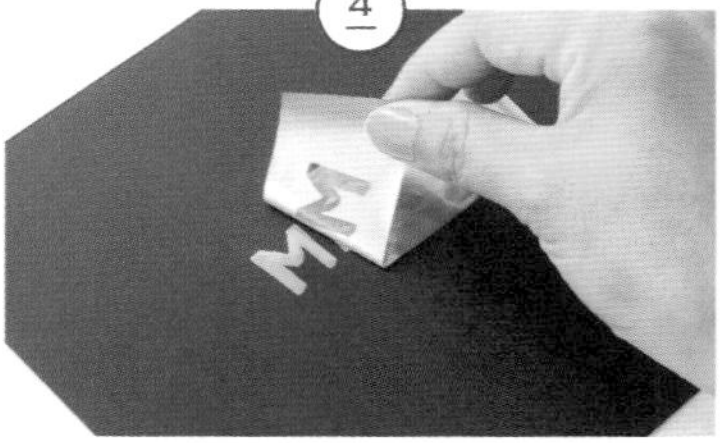

ウチハクを端からゆっくりはがします。

5

きれいに貼れているかチェックして、完成です。

箔押しがところどころはがれてしまったら……

1

はがれた部分にもう一度、上から重ねるようにグルーペンを塗ります。しっかり透明になるまで乾かします。

2

上からウチハクを貼り、指で押して貼りつけます。重ねた部分はあまり目立たず、きれいに補修できます。

シーリングスタンプを捺《お》してみよう

カラフルなワックスを溶かして印を捺すシーリングスタンプ。キャンドルの灯りに溶けるワックスに癒《いや》されます。初心者さんにはセットがオススメ。

Wax Seal Stamp Set(Wax Seal Stamp、Stamp、Spoon、Sealing Mat、Wax Beads、Candle、Candle Pot、巾着袋、説明書　toroli／価格：4,280円

古い映画で観た封蝋《ふうろう》にチャレンジ！

キャンドルに火を灯し、ゆっくりと溶ける赤い蝋《ろう》を封筒にトロリと垂らしたあと、美しい刻印が彫られたシーリングスタンプを捺す。日本では封蝋《ふうろう》と呼ばれているシーリングスタンプですが、中世ヨーロッパが起源で、手紙や重要な書類を、受け取り手以外の人に開封されていないことを証明するために使われていたそう。古い映画などの手紙を送るシーンで、見たことがある人も多いのでは。

現在では手紙の封はもちろん、手帳やカードのデコアイテムとしても人気なんです。カラフルな蝋（ワックス）とさまざまなデザインのスタンプヘッドの組み合わせも楽しく、キャンドルの火で蝋が溶けていく、ゆったりとした時間にも癒されます。

【シーリングスタンプを捺す】

ワックスの色は混ぜてもOK。自分だけの素敵なシーリングスタンプを捺してみましょう。

用意するモノ

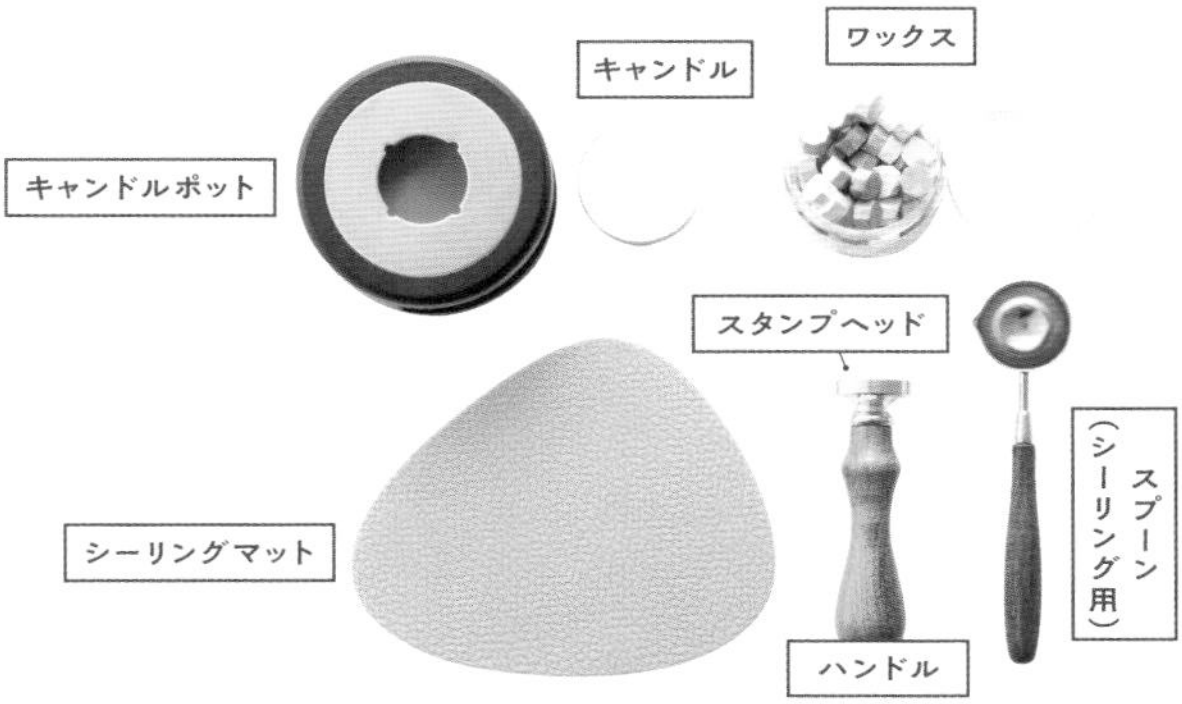

1

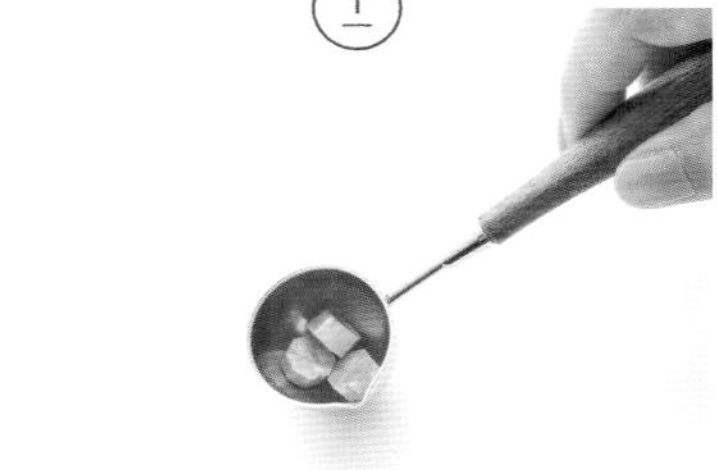

スプーンに好きなワックスを3〜4粒入れます。小さめのワックスの場合は少し多めに入れましょう。

2

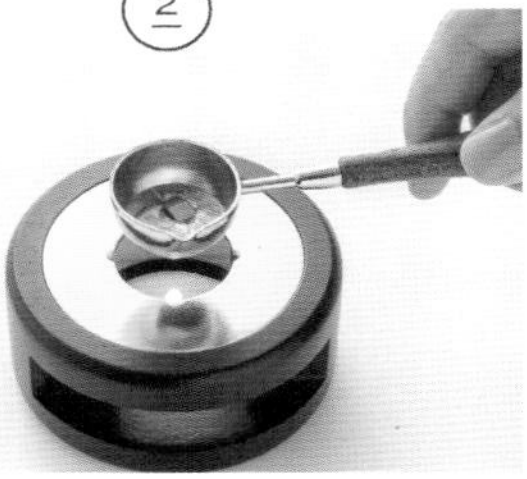

キャンドルポットにキャンドルを入れ、火を灯します。スプーンをかざして、ワックスを溶かします。スプーンの先が熱くなるので注意しましょう。

3

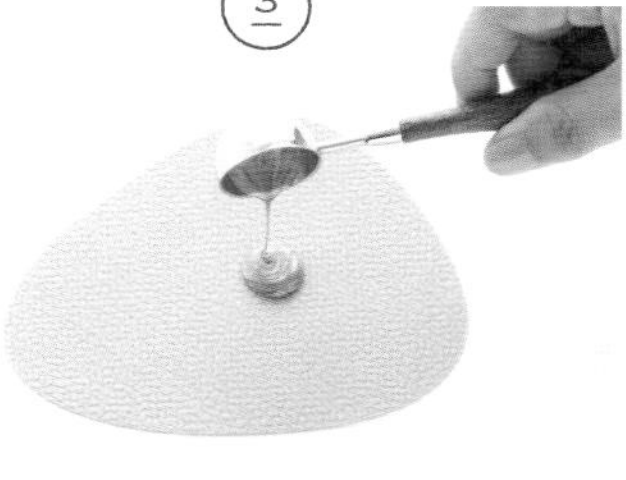

溶けたワックスをシーリングマットの上に垂らします。シーリングマットがない場合は、シリコンシートやクッキングシートでも代用できます。

4

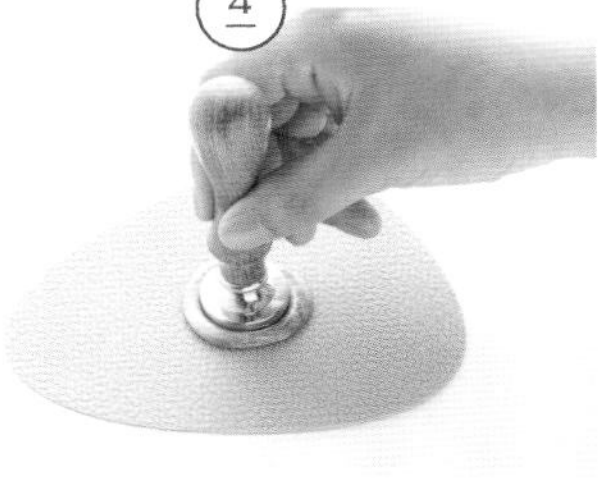

垂らした蝋の真上からスタンプを捺します。冷めるまでそのまま待ちます。

5

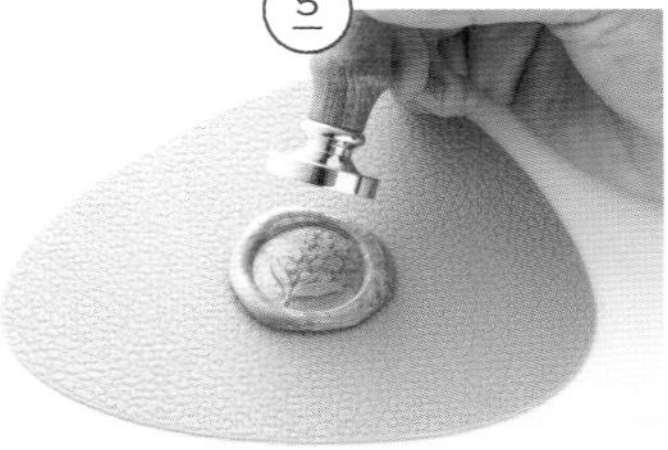

ワックスの粗熱が取れたら、ゆっくりスタンプをはがします。失敗しても、もう一度溶かして作り直すことができます。

6

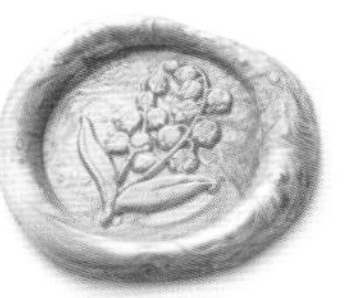

完成したシーリングスタンプは、裏に両面テープなどをつければシールとして使うことができます。

私も密かに
通っています♪

好みのカラーコーデで「MY万年筆」を作ろう

東京・銀座にある文具店「ancora（アンコーラ）」では、好みのパーツを組み合わせてカスタム万年筆が作れます。蓋と胴軸《どうじく》のカラーを変えられたり、ペン先の色を選べるのがとっても楽しいサービスです。

ノートやバッグなど、カスタムメイドのアイテムは色々ありますが、実は万年筆もカスタムで作れちゃうのを知っていますか？ ａｎｃｏｒａ（アンコーラ）では、蓋や軸色、ペン先などパーツを自分で選べる「ＭＹ万年筆」が作れます。常時10色の樹脂パーツが用意されているので、バイカラーにしてみたり、推し色を選んでみたりと、自分好みの万年筆作りが楽しめます。予約なしでOKなので作りたいなと思ったときに気軽に足を運んでみて。

ancora（アンコーラ）銀座本店
営業時間：11:00-19:00　定休日：水曜日
TEL：03-6274-6522　FAX：03-6274-6521
〒104-0061東京都中央区銀座6-4-8
https://www.ancora-shop.jp/

オリジナル文房具もいろいろいろあります

万年筆やインク瓶など、手帳タイムが楽しくなるアンコーラのオリジナルスタンプ。万年筆にちなんだ印面や、インク帳作りにも使える印面など、現在は7種が揃っています。

ショップバッグと同じデザインの箱がかわいい、おしゃれなアンコーラのオリジナルインクカード。インクのコレクションがますます楽しくなります。

【MY万年筆の作り方】

カスタムできる万年筆はセーラー万年筆の「プロフィットJr.」。主役になる大きいパーツの色から決めていくのがオススメです。

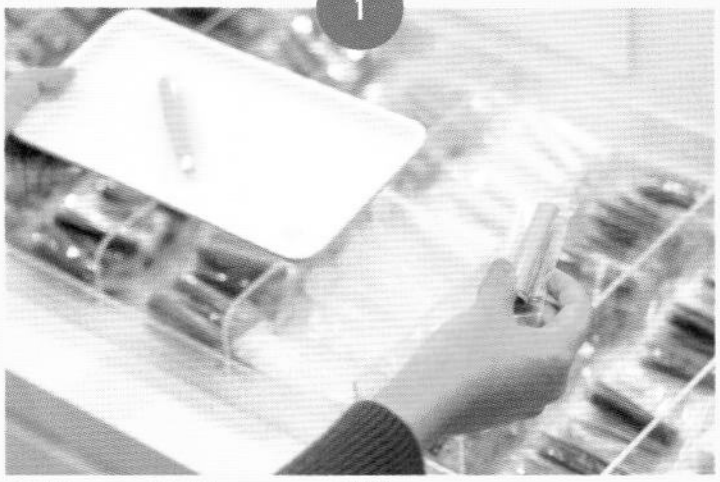

1
蓋栓《ふたせん》、蓋、大先《おおさき》、胴軸、尾栓《びせん》の樹脂パーツは、常時10色以上（不定期で季節限定色もあり）。まずは大きな蓋と胴軸のカラーから選びます。

2
次に選ぶのは大先。グリップ部分のカラーを決めたら、ペン先（字幅は中細字/MFのみ）、クリップなどの金属パーツをゴールドとシルバーから選びます。

3
次に小さい樹脂パーツ（蓋栓《ふたせん》、尾栓《びせん》）を選んでいきます。アクセントカラーにもぴったりです。

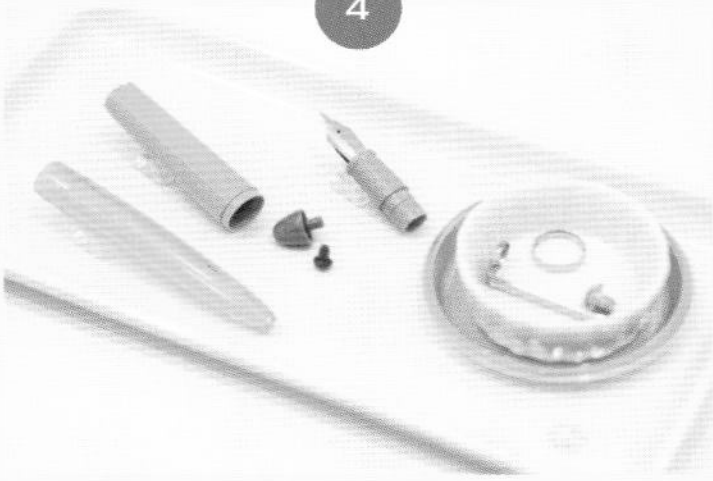

4
すべてのパーツをトレイにのせたら、一度全体の雰囲気を見てみましょう。「これでよし！」となったら店員さんに渡します。

5
店員さんが組み立て作業をしてくれます。待ち時間は空いているときなら5〜10分程度でできちゃいます。

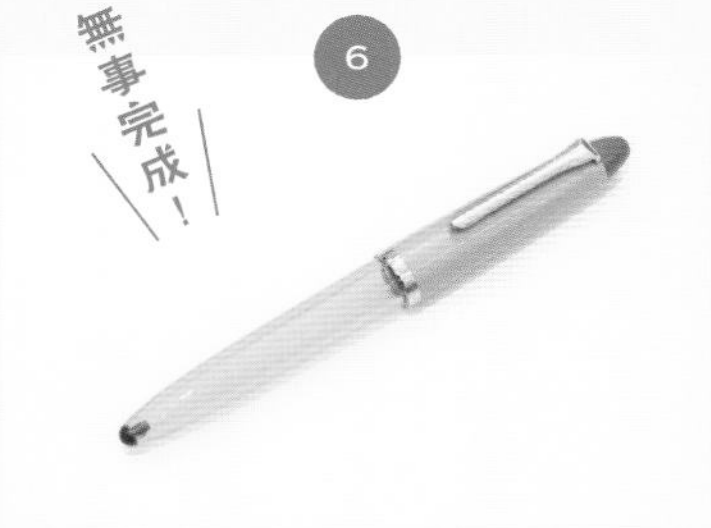
無事完成！

6
完成した万年筆には、専用の箱と、カートリッジインクが2本ついてきます。インクのカラーはブラック、ブルーブラック、ブルーの3色から選択可能。なお、コンバーターも別売りで購入可能です。

アンコーラ MY万年筆　価格：4,400円
／セーラー万年筆プロフィット Jr.
ペン先：ステンレス ancoraシンボルマーク入り
字幅：中細字（MF）
カートリッジ・コンバーター両用式

何本でも
欲しく
なっちゃう！
←すでに3本持ち

おわりに

POSTSCRIPT

どうでしたか？　万年筆のこと、少しはわかっていただけたでしょうか。
楽しんでいただけましたか？
ちょっとだけ、自分にも使えそうな気がしてきましたか？
今更聞けないギモンや、わからなかったことは、解消されましたか？

この本が、普段からどんどん万年筆を使っていただけるきっかけになればうれしいです。

私がいつも万年筆を使っていて感じるのは、「手書きでつづる楽しみ」。
筆跡や、インクの色、文字のにじみや揺らぎから想いが伝わったり、
お気に入りの万年筆を使うことで、自分の書く字がいつもより少し好きになったり。
普段より手をかける万年筆を使うことで、書いたモノやコトが、
だんだんと自分に馴染んでくるような気がします。
万年筆を使ったり、手入れしたりするときの、ゆったりと流れる時間の流れ。

手入れのひと手間。そんな自分だけの万年筆を育てる楽しみや、
伝統的な文房具ならではのアナログ感も、たまりません。

万年筆は高級で上質なイメージをもつ、ハレの文房具なので、
少し扱いに慣れてきたら、自分へのご褒美や、
記念日などのちょっと特別な日に、誰かへ贈るのにもぴったりです。
ご当地インクや限定モデルを、旅先での思い出にお土産代わりにする楽しみも。

楽しみ方は無限大なので、ぜひ肩ひじを張らず、躊躇せずに、あなたらしい
〝万年筆のある暮らし〟を楽しんでいただけたらうれしいです。

最後になりましたが、万年筆やインク、紙など、文房具の沼は深いです。
また、沼の底で、あなたとお会いできる日を楽しみにしています！

——万年筆とインクの沼底より
mizutama

はじめての万年筆とインクの本

2023年月8月19日　初版第1刷発行

著者　mizutama
発行者　澤井聖一

発行所　株式会社エクスナレッジ
〒106-0032　東京都港区六本木7-2-26
https://www.xknowledge.co.jp/

問合せ先
編集　Tel 03-3403-6796
Fax 03-3403-0582
info@xknowledge.co.jp
販売　Tel 03-3403-1321
Fax 03-3403-1829